糖糖 / 著

绣球映象

——从新手到达人的栽培秘籍

长江出版传媒 湖北科学技术出版社

图书在版编目（CIP）数据

绣球映象：从新手到达人的栽培秘籍 / 糖糖著 . —武汉：湖
北科学技术出版社，2020.7
ISBN 978-7-5352-9471-5

Ⅰ . ①绣… Ⅱ . ①糖… Ⅲ . ①虎耳草科 – 观赏园艺
Ⅳ . ① S685.99

中国版本图书馆 CIP 数据核字 (2020) 第096539号

绣球映象——从新手到达人的栽培秘籍
XIUQIU YINXIANG——CONG XINSHOU DAO DAREN DE ZAIPEI MIJI

责任编辑：胡　婷
封面设计：胡　博　陈　帆
督　印：朱　萍

出版发行：湖北科学技术出版社
地　　址：湖北省武汉市雄楚大道268号（湖北出版文化城 B 座13~14楼）
邮　　编：430070
电　　话：027-87679468
网　　址：www.hbstp.com.cn
印　　刷：武汉市金港彩印有限公司
开　　本：787×1092 1/16 16.5印张
版　　次：2020年7月第1版
印　　次：2020年7月第1次印刷
字　　数：250千字
定　　价：68.00元

绣球的世界是一个谜

　　此缘始于2018年9月，我和糖糖一起聊了绣球，以及她决定要写一本关于绣球的书。听到有人要写绣球，而且是资深花友，当然是件很妙的事。我作为植物的商业经营者，更是感到敬佩，因为要写关于某一类植物的书，是一件很不容易的事。

　　"绣球"是一个被泛用的名字。这一名字指代了很多不同的品种。尽管它们的花朵看起来很像，却不是一家人，至少属于两个家族。你以为看到的和喜欢的是花，却不是科学意义上真正的花，当然也不是假花，而是花的萼片，真的不育花藏在里面。

　　事实上，现代绣球的园艺品种都是舶来品，即便所谓的国产绣球，也是引进后再培育的。在绣球的发展史上，有两次进入中国的关键时期。第一次是清末民初，大量国际人士进入中国和外出留学成为潮流的大交换时代。第二次是21世纪初，改革开放30年后才再次尝试引进新的物种。

　　近年来的绣球热潮，最初是由'无尽夏'这个品种引爆的。除了其优秀的开花表现外，感谢虹越的小伙伴们还给它起了一个既表达了个性又非常中国化的名字，从而带来了更好的普及和发展。

　　如今，喜爱绣球的朋友越来越多，但对其生长习性的了解并不充分，不确定自己的环境适合哪一种绣球，也分不清不同种类绣球的开花要素和条件。此外，网络上存在着太多的误导信息和片面摘录，亟待传播正确的知识。《绣球映象——从新手到达人的栽培秘籍》便是一本全新、全面、正向的传导读物。要彻底弄懂植物是一件非常难的事，哪怕是专业研究者也同样存在这个问题。对知识的探索永无止境，因为不懂，所以建议有心人读一读这本植物书，书中有很多你所不知道的。糖糖将自己的爱好和实践，集结成一部实用性与欣赏性俱佳的作品，是新一代园艺爱好者将花园梦扩充至生活美学的落地实践范本。这本书既从绣球的史学研究和种养技法着手，探讨绣球的发展历史和种植养护技术，更把园艺作为生活美学的重要组成部分来深化，真不可谓不全面。

感谢绣球！感谢绣球界的育种家、生产商、经营者和各界赏识之人，特别是将绣球推广应用到我们的景观、花园和生活中的朋友们！

江胜德

虹越花卉股份有限公司董事长

2019年6月，于金筑园

自序

糖糖:
　　园艺生活美学家、知名美学博主，新浪微博签约自媒体"糖糖的田园栖居"主理人。

　　爱上园艺，爱上绣球，对我来说是偶然也是必然。

　　14年前，在昆明世界园艺博览园，不经意间邂逅花团锦簇的淡蓝、淡粉色绣球竞相怒放，一见倾心。

　　14年后，在自己的小花园，从只见花不见叶的'无尽夏'，到最新品的重瓣绣球，满园倾情。

　　我不是科班出身，也没有天生的"绿手指"，只是怀揣着对大自然和生活的满腔热爱与情怀，用心对待每一朵花，以及为它们所著的每一段文字、拍摄的每一张照片。

　　从最初的邻居花友群到微博签约自媒体，再到园艺写作者。一天，我惊讶地发现一篇《绣球花后修剪演示》的随笔在网络上发布后竟引来30万阅读量、500多条提问。我看到了花友们对绣球的热爱，也看到了他们在绣球种植过程中存在的诸多疑问和误解，这正是促使我作为花友写一本绣球读物的缘由。

　　绣球，是这样一种令人满心欢喜的植物。

　　花潮的4月，木绣球与蝶花荚蒾领衔绽放。新绿的'玫瑰'、浅粉的'玛丽·弥尔顿'，淡雅的色泽，一如早春的清澈。

　　初夏的5—6月，进入大花绣球与乔木绣球的主场。蓝色、紫色、粉色等色调的自然调和，像极了莫奈笔下的色彩，光与影的变幻，梦幻甜美又极致绚烂。

炎热的7—8月，与久违的清新相遇，圆锥绣球展现出澄澈空灵的棉白。

诗意的9—10月，具有新、老枝条开花特性的大花绣球，再度迎来花期。

阴冷的寒冬，还有干花、永生花……延续着绣球的无限美好。

绣球，是这样一种让园艺工作事半功倍的植物。

绣球是维护成本最低的花卉之一。耐高温、高湿，喜阳亦耐半阴，在通风良好的条件下，很少受到病虫害的困扰。在只有4～6小时日照的阳台小花园，一株绣球就能实现你的花园梦；在庭院花境，高大的绣球搭配在庭前屋后，低矮的绣球蜿蜒在小径边缘，营造出令人沉醉的风景。

绣球的花期绵长，从花蕾初现到完全绽放，可达一两个月之久。如果养护得当，还可以欣赏到花期尾声的渐变复古色花朵和自然褪色的干花。无论小阳台还是大花园，两三盆绣球就能让你享受到园艺带来的美感与乐趣（插花、园艺手作等）。

园艺不只是一项种植技术，种花造园也并不是终点。园艺和所有的生活美学一样，为我们打开了一扇通往自由的窗，以宁静平和、细水长流的韵律，让我们感受生命与大自然之间许许多多的对话，体会园艺生活的美妙。

园艺的乐趣除了付出与收获、专心致志地与自己相处以外，分享与交流也是很重要的部分，所以，这本书并不是一本园艺教科书。书中除了绣球种植经验的分享，还有一些关于园艺生活美学的创作和记录。它们不仅仅关乎园艺，也关乎自然与生活中的美。

在这本书出版之际，由衷地感谢陪我一路走来的家人和一直在微博、微信上支持我的花友们！感谢虹越花卉、蔚蓝园艺、美国贝利（Bailey）育苗公司、美国罗文·温纳斯（Proven Winners）公司、法国Sicamus园艺公司，美国育种家丹·辛克利（Dan Hinkley），以及孙磊、杨纯惠，为我提供了很多宝贵的意见和美丽的影像。感谢茂茂为这本书绘制了很多精美的水彩插图。

注：本书中所述时间仅适用于我国江浙地区，以及其他同纬度地区。我国其他南方和北方地区将据此时间提前或推迟20～30天。热带地区绣球没有明显的冬季休眠期。

目录

第一章
绣球花开，一世芳华　　　001

春，一切蛰伏的美好正在醒来　002
夏，应验那些美丽的约定　　　006
秋，时间赠阅的从容　　　　　012
冬，凋零里有另一道风景　　　014

第二章
绣球的品类研读　　　　　　017

木绣球——一蒂千花白玉团　　022
大花绣球——最受欢迎的绣球　033
山绣球——大花绣球的亚属　　077
乔木绣球——世纪流转的白月光　084
圆锥绣球——盛夏久违的清新　091
栎叶绣球——花与叶最精彩的关系　099
攀缘绣球——特立独行的攀爬高手　103

第三章
绣球养护基本功　　　　　　　107

四季循环的生命周期　　　　　　110

善变的颜色，不变的钟情　　　　111

健康的植物，从根系养护开始　　114

根据生长周期，合理施肥　　　　119

浇水三年功，积累园艺经验值　　124

花盆的选择，重在干湿循环　　　126

掌握绣球的开花方式　　　　　　128

了解绣球的修剪方法　　　　　　131

绣球的病虫害与防治　　　　　　134

开始与绣球为伴　　　　　　　　140

第四章
绣球养成进阶技能　　　　　　　151

解读花芽分化的秘密　　　　　　152

与绣球玩一场色彩游戏　　　　　154

如果你想驯服那些枝条　　　　　159

复制绣球的美丽基因　　　　　　162

从容地迈过盛夏的门槛　　　　　167

花后修剪，尺度掌握在你手中　　172

一年之计在于冬，在寒冬与新生重逢　179

越冬保护，所有付出与等待都是值得的　187

如何关照无法休眠的绣球　　　　189

第五章
绣球的种植灵感　　　　193

线性排布，美化空间边界　　　194
混合花境，源于自然的美　　　197
单株盆栽，层次与创意更重要　　204
组合盆栽，鲜活的花艺　　　　208
立体花挂，创意植物画　　　　211

第六章
绣球的生活美学　　　　　　　213

绣球鲜切花同样需要精心照料　　214
做自己的花艺师　　　　　　　217
盆栽花是一种比花束更好的礼物　229
绣球的美，不会随时光而逝　　　232
永生花，享受更多绣球的创作艺术　240

那些与绣球有关的名词　　　　244
绣球爱好者应知的9件事　　　　248
来自花友的提问　　　　　　　252

绣球花开，一世芳华

你若赐我一段时光，
我便许你满世繁花。
盛大的绽放，不期而至，
有一种唯美与梦幻叫绣球。

第 一 章
CHAPTER 1

春，一切蛰伏的美好正在醒来

　　此季，不必去很远的地方，就可以发现美。同一条街道、同一座公园和小花园里，每个星期都是一番全新的风景。笑靥初绽，生机盎然，往后的每一天都会更美。

初春，等一场阳光与花儿的约定

　　初春，是一个让所有园艺爱好者幸福不已的时节。趁你还没注意，形同枯槁的铁线莲已经长出粗壮的枝条，重剪的月季展露新绿，绣球干枯枝条顶端的暗红色花芽，在接收到初春第一缕阳光的赋能后，如三叉戟一般变得轩昂招展起来。这一切来得太快，而且一发不可收拾。

　　花园里每一天的变化都在提醒你，一个冬天的付出与等待没有白费，世间所有的相遇，都来自美丽的约定与耐心的守候。

中华木绣球毛茸茸的花苞遍布每一根枝头。尚未崭露头角前，它们并不介意命运的落寞无闻，只是用顽强默默地演绎着自己的成长。不畏寒冬阴雨的侵袭，不卑于娇艳草花的光影，可以想象，若是一树花开，又该是怎样的绝尘清韵。

一个阳光漫过屋顶的下午，葡萄风信子和郁金香在惊蛰过后的微风中迤迤然地绽放，成了小花园里最生动的画面。那是积淀沧桑后的一种豁达，一盏一盏盛满阳光的灯。

江南的花开是一场梦，有些植物总是会睡过了头。在暖阳全面回归之前，一定不要放弃那些沉睡的生命，比如尚未萌芽的龙胆草、乔木绣球和圆锥绣球。养花和恋爱一样，需要用足够的时间来陪伴，对认定的人与事不遗余力。时光这块宝石从不辜负精心的打磨。

经历了无尽的雨水，大地将再度绚丽光彩起来。花儿们已经做好了绽放的准备，所有阳光与美好都会如期而至。

暮春，一念花盛开

人间最美四月天。你可以在这个时节的花园里集齐调色板上所有的颜色。球根谢幕后，各种草花、藤蔓与灌木次第登场。

数着绣球枝头的花蕾，你就能畅想它们未来花团锦簇的模样。圣诞玫瑰高挑着渐变复古绿的蓬蓬裙；身着粉色蕾丝边的仙客来依旧唯美；丝质花蕊搭配饱和色彩的'微安''约瑟芬''瑞贝卡'……它们都是铁线莲中的明星。百花们都在为一场花潮盛宴梳妆打扮。欧月与铁线莲抢占阳光充足的有利地形，角堇与小菊争奇斗艳，就连绿化带里的红花檵木、紫叶小檗也张罗着艳丽的行头，从不会因为自己的平凡而放弃对美的追求。

而她，轻灵地生长着，长得很高，素面白衣、亭亭秀秀，谢绝浓妆艳抹。她说，天生丽质不必加工。

在柔和的阳光、自由的春风里，犹如落入凡尘的精灵，不染纤尘。深绿色叶片

衬托着在风中摇曳的白色花瓣，安抚了浮世风物的躁动，让人不由得在这浅白的光影中沉沦。

一树的清丽，一地的静谧，仿佛等过了阡陌流年，才等来命中注定的一季花开。不经意间，雪球一样的沁韵凝影，已是铺天盖地。

4月间，骤变的气温和突如其来的大雨，吹散了花期末端的垂丝海棠，淋落了娇艳单薄的虞美人，水色晕染，像一卷未来得及合起的画卷，留下的，只是模糊了的线条和颜色。

我走入这低明度的水墨烟色中，木绣球皎洁的白色花朵在灰暗的背景下发出光芒来，被花球压弯的枝条俯向大雨冲刷过的湖面。过路的游人看得如痴如醉，忍不住伸出手去一探这花球的真伪，面容上的浅笑化作清丽的花枝，层层叠叠地绽放在身后漫天的浅白之上，一半惊艳，一半流连。

夏，应验那些美丽的约定

　　当饱满的阳光和厚重的雨水倾注而下，绣球花们便会前来赴约，或素颜清浅或繁复色艳，将自己投入流动的光影里，满心的自在与欢喜。

立夏，半园蕾丝半园夏

　　春日的最后一抹淡彩停笔在水色晕染的花瓣上。尽管风的脚步很轻，还是不小心惊扰了一树的繁花，在时光里轻盈地落下。花开很美，花落也一样美。在花的世界里，离别也必须用非常优雅的姿势。欧月之间的"皇室争斗"宣告结束，铁线莲们谢幕后开始放低姿态。春天把娇美的花开过，就在深深浅浅幕布似的绿色中，慢慢挥手退场。

　　越来越早的日出，为大地拉开新一季的更替帷幕。明亮快活的5月，带着夏的预告，带着灿烂的热度，继续谱写大自然的剧本。快速流动的云会为新的剧幕渲染光影，另一场属于色彩的演绎才刚刚开始。

　　绣球花们精心梳理着蕾丝褶皱和层叠花边，有的圆润、有的纤瘦，全都精巧绝伦，赏心悦目，在初绽的浅白与新绿中透着纯粹与清喜。

　　我时常停下手中的书稿，因为这些安静又充满力量的生长而喜悦；因为阳光的抚触、叶子的摇曳而有了慢下来的理由。如果你能坐在花园的木地板上，保持和花蕾一样的高度，让视线穿过枝叶，会产生爱丽思梦游奇境般的愉悦错觉。

　　园艺之所以美好，就在于它可以被想象、被塑造，喧闹的时光在这里会安静下来。天空与大地即将上演一幕又一幕的奇迹，小花园里另一场美丽的故事也即将开启。在阳光与温度的感召下，开始应验那些美丽的约定。

夏至，夏日之花生如锦簇

　　6月的阳光早已改变了性情，穿过江南特有的温润空气，映照着地上的人影、树影，像云岚、像轻纱、像凝脂，藏在绿树浓荫中，漫在花园小径上。

　　光影之间，梦幻空灵又神秘莫测，像莫奈的印象时光，美得自成流派。像是花神不小心打翻了调色盘，在大自然的油彩画布上，挥洒着毕加索式的狂野想象，调和出维密粉、魅惑紫、垦丁蓝、勃垦第红、翡翠绿、月光白……各种冲突的颜色在此和谐共处，浑然天成。

　　不是绣球想当主角，在盛夏的花园，在一川烟雨照晴岚的时节，绣球是唯一的主角。当太阳的凝视变得灼热，时光会任性地为故事上色。绣球的颜色里藏着它们的一世情缘：与铝离子的分分合合，调蓝剂的一厢情愿，还有硫酸亚铁的依依不舍。

　　在炽热的空气中，绣球只有一个心愿：绽放得更快速、更耀眼、更热情洋溢，然后义无反顾地绚烂一整个夏季。第一次觉得一朵花也可以极其丰盛，一朵花也足以证明内心最初的坚持。

　　对于赏花的人们而言，常常是曾经拥有了纯蓝的时光，又会多一份粉红的念想；即便坐享满园的幻丽与繁花的围篱，又会觉得那些浮华与囚笼并不是自己想要的。因为欣赏花儿们最好的方式，是看它们成片地绽放在山野与自然之中，那才是植物最美的姿态。

　　生命原本就是一个不断追逐、寻找，然后选择与放弃的过程。但只有在拥有过后，你才会做出这样的判断——这是我不需要的，那才是我需要的。或许这世上有很多人、很多花可以惊艳你的时光，但能够留在你身边慢慢温柔你的岁月，陪你成长、陪你"盛开"，最适合、最长情的并不多。

盛夏，邂逅云淡风轻

江南的夏日很长，"燃烧"的空气里，弥漫着让人窒息的闷热与潮湿，人和花儿都容易中暑。那些匆忙盛开的月季和草花，花开花落的时间似乎都按下了快进键，快到猝不及防。

刚过上午8点半，'无尽夏'柔软的叶片就低垂了下去，躲避刺眼的阳光。午后的一阵雷雨，落在枯涩的土地上，发出沙哑的声音。温水浴般的湿热空气尚未平息燥热。蝉声聒噪，阳光又变回原来的火力四射，扣上锅盖，继续蒸煮着地面与根植在灼热里的绣球。

所有的热爱，所有的期待，所有曾经繁盛绽放的生命，都经受着水煮日灼的终极考验。盛夏的时光就像一片起伏无尽的沙漠，只有没被伤过的根基，才可以安然穿越。

对白色花儿的"偏见"，终究敌不过乔木绣球与圆锥绣球澄澈空灵的面容。云淡风轻的新绿与棉白，极绚烂又极平淡。当它们在阳光的暴晒下茕茕孑立，就像夏日里不可或缺的香草味冰激凌，清凉着整个盛夏，真是一个美好的奇迹。

盛夏的绣球，注定要经历很多。会有煎熬的取舍，会有委屈的妥协，也会有生命的丰盈。

人生也是如此。你无须告诉每个人，那一个个艰难的日子是如何熬过来的，背后的沉重与寂寞，怀念与洒脱，都将随着日夜悄悄流过。你得接受这个世界带给你的所有伤害与嘲笑，无所畏惧地长大，并依然保持爱与信任的能力，沉闷的身心于是有了风筝般的轻盈和自由。

秋，时间赠阅的从容

　　盛夏的炽烈一定会被温柔的秋风化解，纵使岁月不再惊艳，韶华迟暮也依然优雅。在绣球渐渐晕染的色度中，品味季节慢慢变化的样子。

秋分，时间沉淀的复古风潮

　　微凉的秋是最善变的诗人，在疾风骤雨里创作一首歌，在薄凉晨夕中谱写一段曲，如静美的秋日绣球，不盛不乱，姿态如烟。

　　阳光、温度与风是最有创意的画家，将'无尽夏'的蓝、'花手鞠'的粉、'北极熊'的白调配成49度灰，为薄纱轻翅纹上记忆的肌理。

时光是最伟大的艺术家。季节更迭，岁月流淌，那些在绽放时有着梦幻、甜美、魔法般令人陶醉色彩的绣球花，如今幻化为厚重而有层次感的色调。那些绣球在夏日绽放时看不到的颜色，此时全部缱绻于小花园的秋。充满金属质感的铜绿色、高山岩石般的灰紫色与灰蓝色，在秋色的光影中重塑轮廓，在夜露深更中幻化出古典油画的质感，将褪色与凋零渲染得如此华丽、如此动人。

绣球是善变的，在不同季节、温度和光照的感召下，凭着对光阴的钟情与执着，化身为自己的造物主。莫兰迪的灰度，是岁月的洗礼；珠宝般的光泽，是时光的旋律。两者共同演绎出复古的诗意。

当绣球再度席卷而来，保留绽放的权利，诠释复古的诗意，它们会给自己渲染一个色彩斑斓的秋。

冬，凋零里有另一道风景

华丽的盛放都是寂然无声的，唯有荏苒的时光，会将它们变得铿锵有力。所有关于美的创作，也是对自然的皈依。

冬至，最美的风景来自心中的盛放

进入冬至，虽然午间的阳光还是暖融融的，但天气预报里持续在零度徘徊的最低温，每个清晨大地披裹的银霜白衫，以及每一夜过后更多的落叶，已经再明显不过地预示着大自然即将进入冬眠模式。

你能看到的是绣球的叶片由绿变红，枯萎凋零，只剩下枯黄干燥的枝条上还附着浅绿色苔藓的痕迹。看不到的是新鲜的树汁正裹挟着营养回流到根部，枝条的组织和你的棉被一样开始增厚。土壤里生长着信念，枯萎是新生的开始。你看，那些枝条顶端圆锥形的饱满花芽，就是绣球对你的允诺。它想说："我只是睡一会儿，明年的第一缕春风，会唤醒我与你相见。"

这一年，在花开花落的自然流转中，在四季安然的园艺劳作中，我们与花儿的成长盛放、凋零枯萎紧密联系着，我们会为一朵花的绽放而微笑，一颗芽的生长而心生喜悦。

花开无声，花落有时，无须贪恋，但值得慎重对待。在绿意荒芜的冬季，一枝枝风干的圆锥绣球与乔木绣球，花瓣的脉络依然保持着清晰的模样，在被时光凝结的色泽与皱褶里，另有一番让人着迷的温和与质朴。一朵朵忽略了季节的压花与永生花，即便干燥后，也依然延续着它们的色彩和姿态，在卡片上、镜框里，充盈着属于它们的秘密花园。

心中常有花季，便会真的开出满园春华秋实。园艺生活带来了别样的无拘无束，也带来了踏实、宁静、无限生长的生活美感。在每个当下都尽心尽力，每一段时光里，都可以做最好的自己。

绣球的品类研读

在大自然的油彩画布上，
绣球有用不完的美丽选择，
满足你对所有风格的期待。
绣球，有充分的理由流行起来。

第 二 章
CHAPTER 2

作为一个园艺爱好者，我们常常痴迷于一些刚上市的植物新品不可自拔，或者沉醉于园艺书中的美妙照片浮想联翩。作为一个想尝试着拥有第一株绣球的园艺新手来说，你可能会惊讶地发现，全世界有超过1000种绣球，在国内能买到的至少也有上百种。

如今网购便捷、物流迅速，买一株植物很简单，但不同的植物特性，带来的园艺成就感和幸福感是截然不同的。

在选择一株绣球之前，可以先问问自己这些问题：是需要一株高大结实的绣球作为树篱，还是矮小的绣球作为盆栽？计划种在荫蔽凉爽的北面，还是阳光强烈的南面？想要精致的重瓣绣球，还是淡雅的平顶绣球？喜欢什么颜色的花？希望它什么时候开花？

所有的这些特点都可以在现有的绣球品种中找到，一旦你确定了想要什么，缩小范围就相对容易了。

你对自己的种植需求与不同植物的习性了解得越多，越能充分享受园艺带来的乐趣。你给自己的答案越多，越有利于你的选择。

我不是植物学家，因此，本章从更容易理解的家庭园艺角度，介绍7种常见的家庭园艺绣球类别——木绣球、大花绣球、山绣球、乔木绣球、圆锥绣球、栎叶绣球和攀缘绣球，并帮助大家进一步了解它们各自不同的主要特征与生长习性。

绣球的七大类别

木绣球

科属：五福花科荚蒾属

花期：4—5 月

最低耐寒区：部分 3 区、部分 7 区

大花绣球

科属：虎耳草科绣球属

花期：5—7 月，少数在 9—10 月有二次花期

最低耐寒区：7 区

山绣球

科属：虎耳草科绣球属

花期：5—7 月，少数在 9—10 月有二次花期

最低耐寒区：7 区

乔木绣球

科属：虎耳草科绣球属

花期：5—7 月

最低耐寒区：3 区

圆锥绣球

科属：虎耳草科绣球属

花期：7—9 月

最低耐寒区：3 区

栎叶绣球

科属：虎耳草科绣球属

花期：5—7 月

最低耐寒区：8 区

攀缘绣球

科属：虎耳草科绣球属

花期：5—7 月

最低耐寒区：5 区

木绣球——一蒂千花白玉团

  这些盛开在早春，一树树雪白清丽的花团，栽培历史由来已久，早在宋代就已盛行。南宋文学家周密曾在《武林旧事》中记载了当时宫廷花园的情景："堂前三面，皆以花石为台三层，各植名品，标以象牌，覆以碧幕，后台分植玉绣球数百株，俨如镂玉屏。"

  宋代的杭州诗人董嗣杲对此花格外偏爱，先后作有《玉绣球花》三首。有名句"蝶魂春聚苍枝顶，雪片寒团翠幄间""净碾寒琼色瓣妍，冷阴围才压枝圆""洁身自拥翠枝寒，遗得春魂寄素颜"。

　　最传神的描述还属元代诗人张昱的《绣球花次兀颜廉使韵》和明代诗人谢榛的《绣球花》，分别有"绣球春晚欲生寒，满树玲珑雪未干""高枝带雨压雕栏，一蒂千花白玉团"。

　　明代著名农学家王象晋在植物学著作《群芳谱》中定义："绣球，木本皴体，叶青色，微带黑而涩。春月开花，五瓣。百花成朵，图　如球，其球满树。"

　　由此可见，从宋代到明代的600多年间，"绣球"一词曾专属于这些高大如树、玲珑如玉的绣球花。它们是中国原生的绣球荚蒾，拉丁学名 *Viburnum macrocephalum* Fort，也被称为中华木绣球、斗球。

　　虽然名称中有"绣球"二字，但中华木绣球与其他家庭园艺中常见的绣球却是完全不同的科属。中华木绣球是五福花科荚蒾属的灌木，拉丁学名以 *Viburnum* 开头，而其他绣球则归于虎耳草科绣球属，拉丁学名以 *Hydrangea* 开头。两者不同科、不同属，外形特征也明显不同。

中华木绣球植株高大，成株可达3～5米高，花序直径15～20厘米，全部由大型不育花组成，于3月中下旬开花，是花期最早的绣球。花朵初开时为浅绿色，随着气温升高逐渐变为纯白色。

荚蒾属的其他"绣球"

荚蒾属的灌木和小乔木在全世界约有230种，在中国分布着74种，拥有多样化的植物形态和容易混淆的学名与俗称，就连自身的科目划分也发生着变化。过去很多资料中将荚蒾属归为忍冬科，现代分类法则根据分子生物学技术将荚蒾属重新划分为五福花科。家庭园艺的常见品种除了绣球荚蒾（中华木绣球）以外，还有欧洲荚蒾、粉团荚蒾与蝶花荚蒾等。

欧洲荚蒾

欧洲荚蒾也称为欧洲木绣球，拉丁学名 *Viburnum opulus* Linn，原产于欧洲、北非和中亚，生长在海拔1000~1600米的地区。欧洲木绣球'玫瑰'（Roseum），既是园艺爱好者们热衷的花园植物，也是花艺师们青睐的鲜切花材。其株型紧凑，花量丰盛，具有良好的分枝能力，适用于多种空间，既可盆栽或修剪培育成棒棒糖造型，也可地栽搭配在庭前屋后、建筑物及草坪边缘，打造极具吸引力的视觉焦点。

粉团荚蒾

拉丁学名 *Viburnum plicatum* Thunb。在国内常被称为雪球或麻球。成熟株高2~3米，花朵直径8~10厘米，花量丰盛。与中华木绣球和欧洲木绣球最明显的区别在于叶片，卵圆形的叶片上可见清晰的纹路和叶脉凹陷。

粉团荚蒾的原生品种为白色。园艺改良品种'玛丽·弥尔顿'在初开时为粉色，随着温度升高，花色逐渐变浅，最终变为雪白。叶片早期为红铜色，后期会逐渐呈现深绿色。立体斑驳的花色与变化的叶色都极具艺术感与观赏价值。

蝶花荚蒾

拉丁学名 *Viburnum hanceanum* Maxim。植株最大的特点是枝条横向延展，富有层次感，成株冠幅宽大呈塔状，但只有平顶形这一种花形，近似于琼花，外圈有8~10朵较大的不育花，中心为小型颗粒状的可育花。花开时犹如栖息在枝叶间的无数白蝴蝶，因此也被称为"蝴蝶荚蒾"。园艺品种里有纯白和淡粉两种花色。蝶花荚蒾的叶片与粉团荚蒾一样，具有凹陷的叶脉。右图中品种为蝶花荚蒾'玛丽莎'。

通过一张表格来对比说明家庭园艺常见的4种荚蒾属绣球的区别。

表1 4种荚蒾属绣球的区别

	中华木绣球	欧洲木绣球	粉团荚蒾	蝶花荚蒾
花形	圆球形，萼片分离	圆球形，萼片基部少量联合	圆球形，萼片基部少量联合	圆球形，萼片基部少量联合
花序直径	15～20厘米	8～15厘米	8～10厘米	8～15厘米
叶形	卵圆形	掌形，有深裂	卵圆形，叶脉凹陷	卵圆形，叶脉凹陷
最低耐寒区	7区	3区	6区	6区

下左图为中华木绣球的花瓣，5片花瓣各自分离。下右图的花朵，5片花瓣基部有少量联合，欧洲木绣球、粉团荚蒾和蝶花荚蒾都拥有这种花瓣。

从开花表现上看，中华木绣球的花序直径最大、花朵最密集，视觉效果丰盛，如同诗中所述的"一蒂千花白玉团"。欧洲木绣球的花朵较小，略微松散的花形具有动感与时尚气息，在新绿略带茶白的花色阶段，常被作为大型花艺作品与新娘捧花的花材。

从耐晒性来说，中华木绣球、粉团荚蒾和蝶花荚蒾都是在木质化枝条的顶端直接开花，花球的直立性和耐晒性更强，只有欧洲木绣球会由花芽抽生出3节细嫩的开花枝，因此雨水的重量和正午的阳光都会让花朵和叶片垂头萎蔫。

从园艺应用的角度来看，高大的中华木绣球更适合空间充足的庭院或公共绿地。欧洲木绣球的分枝性好，株型相对较矮，在露台和空间较小的花园里也可以盆栽。粉团荚蒾拥有独特的粉色花，株高30～50厘米的盆栽就可以花开满枝。蝶花荚蒾则因为松散的花形和成株延展所需的庞大空间，更适合开阔的坡地，国内的花园较少种植。

最具传奇色彩的荚蒾——琼花

从植物进化和育种角度来说，现代植物学家普遍认为琼花为荚蒾属的原种，如今的绣球荚蒾、蝶花荚蒾则是长期栽培过程中演变而来的变种，因此是时候来认识一下这个极具传奇色彩的"始祖花"了。

琼花自汉代到宋代都为世人所珍爱，不仅在于其"独此一株，天下无双"，与之相伴的还有流传2000多年的无数传奇故事与诗词歌赋。

关于琼花的故事，最早可追溯到汉成帝元延年间。当时的扬州人为了保护城东一株独一无二的琼花，特意为之修建"后土祠"（后改称琼花观），慕名前往扬州赏琼花者不计其数。

到了隋朝，帝王的嗜好为琼花的传说加入了传奇色彩。相传，隋炀帝一夜梦见一种非常漂亮的花，但不知道这花叫什么名字、出自何地，醒来后就循着残存的记忆命画师将梦中之花画了出来，并张贴皇榜寻找识花者。在扬州见过琼花的王世充正好来到京城，便揭榜进宫，告诉隋炀帝画中之花乃扬州独有、他乡无双的琼花。由于当时陆路交通不便，于是隋炀帝大征百万民工修凿运河、打造龙舟，不远千里一心要南下到扬州观赏这株琼花。当隋炀帝抵达扬州后，一树琼花竟全然凋零，接着爆发了各地的农民起义，隋朝政权崩溃，隋炀帝也逝于扬州。

关于传说的真伪且不去考证，不过扬州这株琼花确有其实。唐宋年间，以其入文的诗词题咏数不胜数。

生于隋末唐初，身为中书令的扬州人来济有诗赋："标格异凡卉，蕴结由天根。昆山采琼液，久与炼精魂。或时吐芳华，烨然如玉温。后土为培植，香风自长存。"

曾出任淮南节度使的李德裕、晚唐时期诗人杜牧都惊艳于这株琼花盛开时超凡脱俗的仙姿，分别以诗赞咏："琼是仙家树，世无花与同，温纯惟玉美，磑琢尽天工。""气氛偏高洁，尘氛敢混淆。盈盈珠蕊簇，袅袅玉枝交。天巧无双朵，风香破久苞。"

为这株植物正式冠以"琼花"之名的，则是北宋初年的扬州太守王禹偁，其著有《后土庙琼花诗》二首："谁移琪树下仙乡，二月轻冰八月霜，若使寿阳公主在，自当羞见落梅妆。""春冰薄薄压枝柯，分与清香是月娥。忽似暑天深涧底，老松擎雪白婆婆。"并序曰："扬州后土庙有花一株，洁白可爱。且其树大而花繁，不知实何木也。俗谓之琼花，因赋诗以状其态。"

到了庆历五年（1045年）和庆历八年（1048年），韩琦、欧阳修先后任扬州太守，虽为官时日不长，但都对这株琼花珍爱有加。韩琦题诗："维扬一株花，四海无同类，年年后土祠，独比琼瑶贵。"欧阳修赞道："琼花芍药世无伦，偶不题诗便怨人，曾向无双亭下醉，自知不负广陵春。"

由明代曹璿玉斋编纂的《琼花集》内，收录了自宋代以来，描述这株琼花的诗篇共逾70首，更因为王禹偁、韩琦、欧阳修三位北宋名臣、著名文人的题咏，使琼花成为名动朝野、蜚声四海的名花。

不是每一种花都有机缘承载一代君王与文人墨客的赞赏，也不是每一种花都会如此命运多舛。琼花虽扬名于世，却也经历几度摧残。据南宋曾敏行所撰的《独醒杂志》、周密所撰的《齐东野语》记载，扬州后土祠中的琼花曾两度被移栽至皇宫，都因逐渐枯萎而送返扬州，然后又神奇般地茂盛如初，为琼花增添了一层清雅高洁、不与世俗同流的品质。在历史文化的意义中，扬州的琼花确实天下无双。

据杜游在《琼花记》中记载：宋高宗绍兴年间（1131—1162年），金兵南下入侵，在扬州杀伐掳掠，并砍断这株琼花。而这株琼花最终的命运亦有两个版本。一种说法是琼花在被金兵摧毁后枯萎死去，从此绝迹；另一种说法是后土祠中的道士唐太宁对琼花的残根辛勤培护，使其萌生出了新枝，终又绽放。

据扬州园林专家介绍，琼花的寿命通常为100～200年，且长势强健，经历多年生长后，上部的古老树干自然死亡，但土壤下的根系依然发达，的确可以发芽长出新的枝干，几十年时间便又能长成原有的模样。

　　如今的扬州，每年四、五月，在重建后的琼花观、大明寺、瘦西湖都可以欣赏到"花大如盘，洁白如玉"的琼花。大明寺内最古老的一株琼花，种植于清朝康熙年间，如今依然繁茂，风姿如故，以一种高洁的姿态，见证着一段段历史，也记录着曾经的沧海桑田。

荚蒾属的种植特点

　　荚蒾属灌木的养护相对简单，适合多种类型的土壤，植株根系对湿度不敏感，种植在通风良好的环境基本不会出现病虫害，全日照和半日照都可以良好生长，但日照充足可以获得更多的花量。唯一需要注意的是各自的耐寒性。中华木绣球仅耐寒 -8℃左右，长江以北的大部分城市无法种植；粉团荚蒾与蝶花荚蒾的耐寒性略好，可应用于5～9区；欧洲木绣球的耐寒性最好，适合我国广泛的3～9区，但需要低温春化，在冬季无法自然休眠的热带地区难以开花。

荚蒾属品种赏析

中华木绣球
大型圆球状花序全部由不育花组成，花序直径 15～20 厘米，花朵紧凑密集，直立性、耐晒性良好，耐寒性较弱。
花色：白色
花形：圆球形
株高：3～5 米
最低耐寒区：7 区

欧洲荚蒾'玫瑰'（Roseum）
植株饱满紧凑，分枝性好，花瓣较小，花序直径 8～15 厘米。花朵初开时为翠绿色，后期逐渐转变为纯白色。
花色：白色
花形：圆球形
株高：3～5 米
最低耐寒区：3 区

蝶花荚蒾'玛丽莎'（Mariesii）
白色的平顶形花序沿着平展的枝条对称开放，如白色蝴蝶翩然布满枝头。曾获得英国皇家园艺学会颁发的"花园优异奖"（RHS AGM）。
花色：白色
花形：平顶形
株高：2.5～3 米
最低耐寒区：6 区

蝶花荚蒾'红粉佳人'（Pink Beauty）
枝条横向延展。花朵初开时花瓣边缘为浅粉色，中间为嫩绿色，随着时间推移花瓣变成深粉色。曾获得英国皇家园艺学会颁发的"花园优异奖"。
花色：粉色　　　花形：平顶形
株高：2.5～3 米　　最低耐寒区：6 区

粉团荚蒾'玛丽·弥尔顿'（Mary Milton）
植株相对矮小，耐晒性好。花团初开为粉色，随着温度升高花色逐渐变为雪白。叶片也具有红铜色至深绿色的颜色变化。适合盆栽。
花色：粉色　　　花形：圆球形
株高：2.5～3 米　　最低耐寒区：6 区

大花绣球——最受欢迎的绣球

　　从八仙花、紫阳花到草绣球、紫绣球……它们的名字如同其多变的花色，在不同国家、不同时期和不同典籍中也不断变换更迭着。究其原因，一方面，绣球在近千年的进化过程中会经历自然演变，带来不同时期的形态差异；另一方面，园艺改良和杂交育种的过程，也会赋予绣球更多新的分类和新的名称。

　　明朝时期，曾经特指绣球荚蒾的"绣球"一词，有了更普遍的指代。在明末清初的园艺学古籍《花镜》中记载："八仙即绣球之类也。因其一蒂八蕊，簇成一朵，故名八仙。其花白，瓣薄而不香。蜀中紫绣球，即八仙花。""粉团，一名绣球……一蒂而众花攒聚，圆白如流苏，初青后白，俨然一球。"书中将"绣球"之名通用于形态相近的八仙花、紫绣球和粉团等，与我们如今的称谓是一致的。

成书于清代雍正年间的植物学古籍《古今图书集成·草木典》，首次对"绣球"之名做出了更清晰的定义："按绣球有草本、木本，《药圃同春》及《群芳谱》所载皆是木本。其草本绣球出於闽中，渐及江浙，树高三四尺。花比木本差小，而扁。初开色微青，大开则纯白，渐变而紫，再变而红，则落矣。"

有别于前一篇的木绣球，草本绣球最显著的特点是具有花色的变化。它们原产于中国和日本，拉丁学名 *Hydrangea Macrophylla*。"Macrophylla"的意思是大叶，因此在国际上也被称为"大叶绣球"。"大花绣球"则是中国现代家庭园艺中出现的称谓。

早在明清时期，大花绣球就在江南园林中得到了广泛的种植和应用，直到18世纪，才被引种到英国。其丰硕的花朵、变幻莫测的花色也备受欧洲人的喜爱。

如今，各国的育种家们培育出了更多花色和株型的大花绣球，株高0.6~1.5米，具有良好的空间适应性。在阳台与露台这类花园面积有限的空间，可以选择株型矮小紧凑的品种进行盆栽。在庭院和公共绿地，可以选择生长迅速、株型高大的品种进行地栽和片植。

大花绣球布满花瓣的硕大花球，如梦似幻的色彩，可以让空间瞬间繁盛、生动起来，是园艺爱好者与花艺师们钟爱的花卉，也成为全世界最受欢迎的绣球种类。

"紫阳花"——古老而诗意的名字

古人对绣球的喜爱，从诗文中便可窥知一二。在文学诗词与花卉种植鼎盛发展的唐宋年间，关于绣球的诗词歌赋层出叠见，其中最广为人知的要数唐代诗人白居易在杭州任刺史期间所作的《紫阳花》："何年植向仙坛上，早晚移栽到梵家。虽在人间人不识，与君名作紫阳花。"

据说当年，白居易应邀到杭州的招贤寺赏花，看到一株繁盛的紫色花球，芳香袭人，联想到琼台仙葩的芳丽和紫气东来的吉祥，询问寺中各人，却无人知晓花名。于是，白居易便写下了这首七言绝句《紫阳花》，并作题注："招贤寺有山花一树，无人知名，色紫气香，芳丽可爱，颇类仙物，因以紫阳花名之。"

"紫阳花"一词是白居易所创，用来赞叹绣球的无限芳华。虽然千百年来，人们一直无法考证白居易遇见的到底是什么花，但根据诗和注的描述，我们可以猜测，白

居易看到的有可能是一种中国原生的绣球。

在日本，绣球最初被称为"味狭蓝"和"安治佐为"，并记录于日本最早的诗歌总集《万叶集》中。当日本平安时代的学者源顺读到白居易的诗后，十分喜欢"紫阳花"一名，便在辞书《倭名类聚抄》中将这种花的名字写作"紫阳花"，并受到日本学者和民众的广泛喜爱。

在日本天然的弱酸性土壤中，种植的绣球能自然呈现蓝紫色，盛开在雨季的花朵如蓝紫色的迷雾般唯美又多变，正如"紫阳花"一名所诠释的朦胧诗意。因此，"紫阳花"也成了绣球在日本沿用至今的花名。

如今绣球已遍布日本全国的寺院和公园，最著名的有明月院、三千院、长谷寺、千光寺、善峰寺、藤森神社等。每年花季，漫山遍野的绣球盛开在神社中、寺庙里、山野间，在清幽古朴中增添了一份缤纷的生机。

聆听绣球的花语

花语起源于19世纪的法国，随即流传至整个欧洲国家和美国。花虽无声，但在一定的历史背景与文化氛围下，拥有了各自的内涵，成为表达情感与愿望的信使。

绣球由众多小花簇拥在一起形成一个完整的花球，聚合的姿态，就像亲人之间亲密的联系，也象征着家族的繁荣美满。在欧洲的婚礼和母亲节，绣球都是重要的装饰与礼物，因为它的第一种花语是——美满与团聚。

日本在过去医学不发达的年代，每年雨季传染病高发，人们带着盛开的绣球到寺院祈福祭拜。这些长久盛放在雨季的花朵，拥有强健的长势和治愈人心的色彩，也承载着人们的希望。此后，在日本寺院广植绣球的习俗便延续了下来。这是绣球的第二种花语——希望与健康。

绣球的第三种花语——至死不渝的爱，两情相悦的永恒。相传这个寓意源自日本历史上一个真实动人的故事。

日本江户时代末期，实行闭关锁国的外交政策，德川幕府禁止日本人出国、禁止在外的日本人回国，并规定与外国的贸易往来仅允许在长崎进行。

1823年，一个原籍德国、来自荷兰的医生希波尔特，来到长崎不久后，就遇见一位叫楠本泷（Otakusan）的美丽女孩。两人很快相恋结婚，并有了个女儿叫稻。但他们的幸福生活并没有持续多久。在稻3岁的时候，由于希波尔特想将当时被列为最高国家机密的日本地图带出日本，被判驱逐出境。

离开日本后的希波尔特依然深爱着楠本泷，并运用自己广泛的学识，在欧洲推广日本的风土文化、植物和艺术。其中希波尔特最爱的，就是盛开在雨季的绣球。在向欧洲人介绍这种花时，他给它取名为"Otakusan"，这正是他对爱妻的称呼。

在两人结婚35年后的1858年，希波尔特再次来到已经对外开放的日本，终于与妻子重逢了。他们的女儿，继承了父亲的职业，成为日本最早的女医生。希波尔特拿出自己珍藏的妻子和女儿的头发，流着泪对她们说："无论任何时候我都没有忘记过你们。"

大花绣球的花型细分

大花绣球的花序形状有圆球形和平顶形之分，分别称为"拖把头"（Mophead）和"蕾丝帽"（Lace Cap）。圆球形花序全部由大型不育花组成，整体呈完整圆润的球状。平顶形花序由外圈的大朵不育花环绕内圈米粒状密集的可育花组成，整体花形较为扁平。

根据花瓣层数的不同，大花绣球又分为单瓣和重瓣两种。重瓣绣球的视觉效果更加密集奢华。日本的育种家对重瓣绣球尤为喜爱，每年都会推出数量众多的重瓣新品。

不同的花序形状与花瓣层数，又可以组合为圆球形单瓣花、圆球形重瓣花、平顶形单瓣花和平顶形重瓣花四种花型。

圆球形单瓣花'塞布丽娜'

圆球形重瓣花'太阳神殿'

平顶形单瓣花'泰勒宝林'

平顶形重瓣花'卑弥呼'

依据开花方式的不同，大花绣球有仅老枝开花和新、老枝都开花的品种区别。在冬季可自然休眠的地区，仅老枝开花的品种一年只开一次花，新、老枝都开花的品种一年可以开两次花，整体花量更丰盛，观赏期更持久。

'无尽夏'——大花绣球划时代的革新

提到'无尽夏'，也许你会联想到粉红、粉紫、粉蓝的花团锦簇，就像莫奈笔下的梦幻色彩；也许你还会想到日本镰仓连绵的绣球花步道，就像无尽的蓝色海洋。

虽然很多花友对绣球的认识都是从'无尽夏'开始的，但你可能不知道，'无尽夏'不仅是一个绣球品种的名称，也是全世界最畅销、最受欢迎的花卉品牌的名字。这个花卉品牌旗下拥有一系列的绣球品种。在'无尽夏'面世以前，大花绣球只有一种开花方式——仅老枝开花，且一年只有一次花期。

'无尽夏'的培育历史要追溯到20世纪80年代中期。在美国明尼苏达州圣保罗市一位居民丹尼斯·博斯特罗姆（Dennis Bostrom）的院子里，生长着一株独一无二的绣球。它一年能开两次花，并且经受住了冬季 -12℃的严寒考验。

当地最大的育苗公司（美国贝利育苗公司）的一位领班维恩·布莱克（Vern Black），正好住在街道的另一头，也注意到了这株独特的绣球，便努力说服了丹尼斯·博斯特罗姆，将这株绣球带到了公司苗圃。随后进行了长达近10年的观察测试，以检测其耐寒性和重复开花的能力。

1998年9月11日，美国佐治亚大学的迈克尔·迪尔（Michael Dirr）博士来到贝利公司的苗圃参观，认为这个新品种的绣球将具有无与伦比的市场潜力，并立即决定开展进一步的研究培育。他非常确信这个品种将承载他所希望绣球能拥有的一切特性。在回程的途中，他在笔记本上写下了"Endless Summer"（无尽的夏天）这个名字。

此后，迈克尔·迪尔博士与贝利公司对此品种展开了长达4年的育种研究，证实了它在新枝上的重复开花能力，并于2004年春季正式推出了"Endless Summer"品牌，彻底改变了传统大花绣球的开花方式和浓郁色彩，让大花绣球一年拥有了两次花期，颜色也变得更加轻盈、淡雅。

目前"Endless Summer"品牌旗下共有5款绣球品种。

‘原创’（The Original）

    "Endless Summer"系列品牌于2004年推出第一款绣球‘The Original’，中文可译为‘原创’，就是在国内我们常称的‘无尽夏’。花如其名，‘无尽夏’首次创造出了新、老枝都开花的大花绣球，花期绵长，从初夏到深秋重复绽放，并且比大多数大花绣球拥有更好的耐寒性，为绣球的世界带来了突破性的革新。这款绣球在中国、美国、日本，以及欧洲国家都获得了热烈追捧，并成为全世界单品销量最高的绣球品种。中国引进‘无尽夏’的时间较早，目前已广泛应用于公园、绿化带和私家花园。

'无尽夏新娘'（Blushing Bride）

"Endless Summer" 系列品牌的第二个上市品种是 'Blushing Bride'，国内译为 '无尽夏新娘'。花朵初开为纯白色，随着气温升高，花瓣的轮廓会根据土壤的酸碱度显现出极淡的粉色或蓝色，花期进入尾声时，再渐变为复古色调略带暗红的灰绿色。如果把花比作女人，这朵花的变化就展现了女人的一生。由一袭白纱的娇羞新娘，到温婉谦和的人妻、人母，凝聚了时光，厚重了岁月。

'怒放'（Bloom Struck）

　　2017年2月，"Endless Summer"系列的第三个品种 'Bloom Struck' 上市了，可译为 '怒放'。它最大的突破在于，将 '无尽夏' 的重复开花特性与山绣球的坚韧完美结合，使其拥有更好的耐晒性与抗病性。深绿色叶片上有红色的叶柄和叶脉，紫红色枝条使整体植株更具观赏性。

'变声'（Twist-n-Shout）

第四款品种 'Twist-n-Shout'，名称来源于曾风靡英国的摇滚歌曲《Twist and Shout》。这首歌曲的成名史可谓几经波折，直到披头士乐队（The Beatles）演绎后，才成为英国摇滚乐代表作之一。

以 "Twist-n-Shout" 为这种绣球命名，不知其面市过程是否也曾经历波折。该绣球平顶形的花形相对松散，在国内的受欢迎程度远不及那些花开成球的品种。

'盛夏之恋'（Summer Crush）

2019年夏季，"Endless Summer"系列推出了第五个品种'Summer Crush'，可译为'盛夏之恋'。这个品种一改'无尽夏'以往的清浅色调，花色为浓郁的覆盆子红至霓虹紫，株高0.45～0.9米，是"Endless Summer"品牌系列中最小巧紧凑的品种。

大花绣球的种植特点

　　大花绣球花大叶大，需水量大，但根据肉质须根的根系特点，充分浇水的前提是排水性良好的种植土壤。如果土壤透气性差或长期积水，容易导致叶片或芽点发黑，这是根系腐烂的表现，也是导致大花绣球死亡的主要原因。

　　大花绣球可以种植在全日照或半日照且通风良好的环境，春、秋、冬三季的充分日照有利于绣球获得更大的花量和强健的枝条，但超过35℃的夏季高温和强光直射会造成叶片与花瓣的萎蔫或灼伤。

　　大花绣球对高温、高湿有良好的耐受力，但耐寒性略弱，大多数品种的耐寒温度为 –8～–5℃，只有少数品种可以在 –12～–10℃的低温中生存。北方不可户外越冬，尤其是仅老枝开花的品种，需要对枝条顶端的花芽进行防冻伤保护。新、老枝都开花的品种即便老枝条在冬季被冻伤，还有春季的新生枝条可以开花，因此更适合秦岭—淮河以北的地区。

大花绣球品种赏析

　　作为全世界最受欢迎的绣球种类，各国的育种家们都在致力于培育花形更美丽、花色更别致、抗逆性更强的大花绣球品种。欧系绣球高大华丽，日系绣球娇小唯美；重瓣绣球密集奢华，平顶绣球怀旧淡雅。有些品种较为相似，有些经典无可替代。本篇将根据花形特点，把主要品种归类进行分析对比。

浪漫的波浪卷边

'铆钉'
（Spike）

又名'细高跟'。波浪卷边花瓣的经典品种。花球直径较大，耐晒性好，初开花色淡雅，从外到内有渐变的颜色过渡。叶片形状较长并略带卷皱，识别性强。

花色：可调色，蓝色、粉色、紫色或混合色
花形：圆球形，单瓣
开花方式：仅老枝开花
株高：0.6～0.8米

'皇室褶皱'
（Royal Fold）

株型、花形与'铆钉'相似。单朵花瓣较平展，花色浓郁。花朵自身的覆盆子红很特别，调色后花色会变得暗沉，不建议调色。

花色：可调色，覆盆子红
花形：圆球形，单瓣
开花方式：仅老枝开花
株高：0.6～0.8米

'莱昂'
（Roen）

花瓣边缘有一圈精美细腻的描边。花朵初开时为白色，可根据土壤酸碱度，显现出极浅的颜色晕染。花球巨大，直径可达 20 厘米。耐晒性极佳。

花色：可调色，极浅的蓝色、粉色、紫色或混合色

花形：圆球形，单瓣

开花方式：新、老枝都开花

株高：0.6 ~ 0.8 米

'漫卷流光'
（Curly Sparkle）

植株矮小紧凑，适合小型空间与盆栽。花球直径仅有 10 ~ 13 厘米，花形扁平，花色浓郁，新、老枝都可开花。由荷兰绣球种植协会培育，曾荣获 2016 年荷兰 Plantarium 展会金奖。

花色：可调色，浓郁的玫红色或蓝紫色

花形：圆球形，单瓣

开花方式：新、老枝都开花

株高：0.3 ~ 0.5 米

迷人的彩色花边

'塞布丽娜'
（Sabrina）

最早引入国内的一款彩色花边品种。在花朵初开的新绿阶段，花瓣的边缘就显现出一圈红色，直到花瓣逐渐变成全白。植株强健，枝条直立，耐寒性较好。

花色：不可调色，红色、白色

花形：圆球形，单瓣

开花方式：仅老枝开花

株高：0.6 ~ 0.9 米

'纱织小姐'
（Miss Saori）

第一款重瓣的彩色花边品种。花球直径
12 ~ 15 厘米。开花后需要遮阴，高温
日晒会让花瓣的中心部分显色，形成比
花瓣边缘略浅的颜色。曾获得 2014 年
英国皇家园艺学会颁发的"花园优异奖"。
花色：边缘可调色，红色或紫红色
花形：圆球形，重瓣
开花方式：仅老枝开花
株高：0.6 ~ 0.9 米

'惠子小姐'
（Keiko）

植株和花瓣紧凑。作为平顶形绣球，外
圈的大朵不育花先开放，中间的可育花
全开后，整个花序接近圆球形，整朵花
的视觉效果细腻精致。
花色：边缘可调色，玫红色或蓝紫色
花形：平顶形，重瓣
开花方式：仅老枝开花
株高：0.4 ~ 0.6 米

'迷人的茱莉亚'
（Charming Julia）

又名'彩色梦想''美杜莎'。花瓣略
带波浪卷边，花球巨大华丽，花边为清
晰的玫红色或紫色，花瓣中心会根据土
壤酸碱度显现出较浅的粉色或紫色，使
整朵花更具立体感。
花色：边缘可调色，深玫红色或紫色
花形：圆球形，单瓣
开花方式：仅老枝开花
株高：0.6 ~ 0.8 米

'鸡尾酒'
（Cocktail）

花瓣有明显的红色边缘和锯齿，花色稳定，枝条直立性好。由法国 Sicamus 园艺公司培育。

花色：花瓣边缘不可调色，红色、白色
花形：圆球形，单瓣
开花方式：仅老枝开花
株高：0.6 ~ 0.9 米

'康康舞'
（French Cancan）

花球直径 15 ~ 20 厘米，中间的不育花也可展开，花瓣边缘有精致的锯齿，花边可调色。随着温度上升，花瓣的白色部分会显现出比边缘略浅的颜色。由法国 Sicamus 园艺公司培育。

花色：边缘可调色，较深的玫红色、紫色
花形：平顶形，单瓣
开花方式：仅老枝开花
株高：0.6 ~ 0.9 米

渐变的白色轮廓

'薄荷拇指'
（Peppermint）

又名'薄荷糖'。花球圆润，花瓣的外边缘为白色，花色从花芯纵向渐变扩散。花芯中间的不育花可展开，极具装饰效果。

花色：可调色，较深的粉色、紫红色，不易调蓝
花形：圆球形，单瓣
开花方式：新、老枝都开花
株高：0.6 ~ 0.9 米

'谢谢你'
（Arigatou）

花球直径更大，花瓣白色边缘部分颜色稳定，耐晒性较好。枝条直立，株型紧凑，盆栽和地栽都能获得良好表现。

花色：可调色，亮粉色、普蓝色或薰衣草紫色

花形：圆球形，单瓣

开花方式：新、老枝都开花

株高：0.4 ～ 0.6 米

'卡米拉'
（Camilla）

又名'魔幻小丑'（Magical Harlequin）。枝条粗壮、直立性好，花瓣呈菱形，边缘有精致的锯齿，花色从中心渐变扩散至花瓣边缘。

花色：可调色，较深的粉色、紫红色，不易调蓝

花形：圆球形，单瓣

开花方式：仅老枝开花

株高：0.6 ～ 0.8 米

'帝沃利'
（Tivoli Bleu）

植株紧凑，花球圆润饱满，枝条直立性好，花瓣边缘为清晰的白色，其他部分颜色浓郁，但耐寒性略弱。由法国 Sicamus 园艺公司培育。

花色：可调色，较深的玫红色、紫红色、普蓝色或混合色

花形：圆球形，单瓣

开花方式：仅老枝开花

株高：0.5 ～ 0.7 米

'精灵'
（Pillnitz）

花形、花色与'卡米拉'相似，区别是花边的边缘没有锯齿。花色浓郁，不易调色。枝条直立，耐晒性好。
花色：调色效果不明显
花形：圆球形，单瓣
开花方式：仅老枝开花
株高：0.6 ~ 0.8 米

'蒙娜丽莎'
（Mona Lisa）

花瓣边缘有细腻的锯齿，花色淡雅，整体花色有丰富的渐变效果。
花色：可调色，粉色、紫色、浅蓝色或混合色
花形：圆球形，单瓣
开花方式：仅老枝开花
株高：0.6 ~ 0.8 米

'万华镜'
（Mangekyo）

犹如镜花水月般轻盈灵动，尤其是调色为蓝色或紫色时，呈现出超凡脱俗的美感，但耐晒性略差，花瓣和叶片容易焦灼，花柄细软松散，花朵易垂头。曾获选日本"2012—2013年度精选花卉"。
花色：可调色，白色渐变蓝色、粉色、紫色或混合色
花形：圆球形，重瓣
开花方式：仅老枝开花
株高：0.3 ~ 0.4 米

'夏洛特公主'
（Princess Charlotte）

花色从内到外由深至浅，渐变为白色，宛如梦幻可爱的英国小公主。枝条直立性好，耐晒性较好。

花色：可调色，白色渐变蓝色、粉色、紫色或混合色

花形：圆球形，重瓣

开花方式：新、老枝都开花

株高：0.3 ~ 0.4 米

'辉夜姬'
（Kaguya Hime）

植株和花型更小。花球直径仅 8 ~ 10 厘米，花芯的颜色比'夏洛特公主'略深，但整体花色不稳定，高温和日晒下容易褪色变白。

花色：可调色，白色渐变蓝色、粉色、紫色或混合色

花形：圆球形，重瓣

开花方式：新、老枝都开花

株高：0.2 ~ 0.3 米

'梦心地'
（Yumegokochi）

花色与'夏洛特公主'有相似性。单朵花与整个花球的直径都更大。花瓣的形状更圆润，略带小锯齿，但白色边缘的部分不稳定，高温下容易完全显色，不易调蓝。

花色：可调色，深粉色或蓝紫色

花形：圆球形，重瓣

开花方式：新、老枝都开花

株高：0.5 ~ 0.7 米

可爱的翻卷花瓣

'爱莎'
（Ayesha）

拥有独特的边缘翻卷花瓣，株型较高，枝条偏细软，单朵花较小，花形略显松散，花色淡雅。

花色：可调色，蓝色、粉色、紫色或混合色

花形：圆球形，单瓣

开花方式：仅老枝开花

株高：0.6～0.9米

'爆米花'
（Popcorn）

因更大、更卷曲的花瓣形似爆米花而得名。植株矮小，花球紧凑，枝条强健，花色比'爱莎'更浓郁，直立性与耐晒性良好。拥有可调色的爆米花与纯白色爆米花两种。

花色：可调色，浓郁的玫瑰红至霓虹紫

花形：圆球形，单瓣

开花方式：仅老枝开花

株高：0.5～0.7米

精致奢华的重瓣

'银河'
（Galaxy）

植株生长迅速，花瓣层叠密集，犹如被繁星包围的银河星系。花球圆润，花期比一般大花绣球略早。由日本加贸园艺公司培育。

花色：可调色，粉色或紫色，不易调蓝

花形：圆球形，重瓣

开花方式：新、老枝都开花

株高：0.6～0.8米

'太阳神殿'
（Luxor）

比'银河'拥有更强健的枝条和更大的花球。开花后直立性好，整体呈圆球状，花瓣的质地厚实坚挺，充满活力，花如其名般拥有昂扬的姿态。

花色：可调色，略深的粉色或紫色，不易调蓝

花形：圆球形，重瓣

开花方式：仅老枝开花

株高：0.6 ~ 0.8 米

'你我的相约'
（You and Me Together）

又名'你我在一起'。整体花形呈半球形，单朵小花有先后开放的时间差异，花色柔和。

花色：可调色，粉色、紫色或蓝色

花形：圆球形，重瓣

开花方式：仅老枝开花

株高：0.6 ~ 0.8 米

'花手鞠'
（Temari）

与前三个品种相比，'花手鞠'的花瓣更娇小，但花球直径同样硕大，视觉效果更加密集奢华，如刺绣手鞠球般精巧华丽。枝条直立性、耐晒性好。

花色：可调色，粉色、蓝色或紫色

花形：圆球形，重瓣

开花方式：仅老枝开花

株高：0.6 ~ 0.8 米

'妖精之吻'
（Fairy Kiss）

花球饱满成圆球形，犹如一个个有魔力的漩涡，花瓣质地厚实，耐晒性较好，易于保留欣赏。

花色：可调色，蓝色、粉色、紫色或混合色

花形：圆球形，重瓣

开花方式：仅老枝开花

株高：0.5 ~ 0.7 米

'小提琴'
（Violin）

中间的花芯为浅绿色。花瓣层叠，颜色由外向内呈现深浅渐变，但花形不规整。

花色：可调色，蓝色、粉色、紫色或混合色

花形：圆球形，重瓣

开花方式：仅老枝开花

株高：0.5 ~ 0.7 米

'灵感'
（Inspire）

株型高大，纤细的花瓣具有空气感，密集的花球具有华丽的视觉效果，耐晒性较好。

花色：可调色，蓝色、粉色、紫色或混合色

花形：圆球形，重瓣

开花方式：新、老枝都开花

株高：0.8 ~ 1 米

'戴安娜王妃'
（Princess Diana）

又名'许愿星'。拥有独特的五角星形花瓣，花朵密集，花型巨大，但整体花形不规则，花色浓郁。

花色: 可调色，深粉色至霓虹紫或混合色
花形: 圆球形，重瓣
开花方式: 仅老枝开花
株高: 0.6 ~ 0.8 米

'列车'
（Train）

又名'沙龙'（Sharon）。花朵密集紧致，花瓣有细长的尖角，花球直径大，整体呈较扁的半球形。

花色: 可调色，蓝色、粉色、紫色或混合色
花形: 圆球形，重瓣
开花方式: 仅老枝开花
株高: 0.6 ~ 0.8 米

'花宝'
（Kahou）

花球直径巨大，层叠的花瓣紧凑饱满，枝条直立性好。

花色: 可调色，蓝色、粉色、紫色或混合色
花形: 圆球形，重瓣
开花方式: 仅老枝开花
株高: 0.6 ~ 0.8 米

'花神'
（Flora）

又名'完美'。尖角形的花瓣紧凑、密集，花球直径大，枝条直立性好，花色略为浓郁。

花色：可调色，亮粉色、普蓝色或薰衣草紫色

花形：圆球形，重瓣

开花方式：新、老枝都开花

株高：0.8 ~ 1米

'玉段花'
（Gyokudanka）

由日本特有的总苞绣球改良而来的园艺品种。花球饱满硕大，花瓣层次丰富，枝条直立，耐晒性好，开花与显色的进程比其他大花绣球更缓慢，不易调蓝。

花色：可调色，粉色或浅紫色

花形：圆球形，重瓣

开花方式：仅老枝开花

株高：0.6 ~ 0.8 米

'艾薇塔'
（Evita）

又名'阿多拉'（Adora）。单朵花的直径略小，但整个花球饱满圆润，枝条紧凑直立。

花色：可调色，蓝色、粉色、紫色或混合色

花形：圆球形，重瓣

开花方式：新、老枝都开花

株高：0.5 ~ 0.7 米

'魔幻紫水晶'
（Magical Amethyst）

"魔幻"（Magical）系列是较早引入国内的大花绣球品种。在整个花期，花瓣顶端都会显现出不同深浅的复古绿色块，使整体花色更加丰富美妙。它们的植株矮小紧凑，枝条直立性和花朵耐晒性较好，花期持久，因此备受欢迎。'魔幻紫水晶'花色略深，经过调色会显现出紫色或玫红色，花瓣具有明显的锯齿边缘。

花色：可调色，紫色或玫红色，不易调蓝

花形：圆球形，单瓣

开花方式：仅老枝开花

株高：0.5 ~ 0.7 米

'魔幻珊瑚'
（Magical Coral）

植株形态、开花特点与'魔幻紫水晶'类似，区别是花瓣边缘更圆润，花色略浅。

花色：可调色，粉红色、天蓝色、淡紫色

花形：圆球形，单瓣

开花方式：仅老枝开花

株高：0.5 ~ 0.7 米

'魔幻革命'
（Magical Revolution）

株型与花朵紧凑，花朵初开时会内旋为独特的杯形，随着温度上升，花瓣逐渐平展。在花朵初开和后期，每一片花瓣上都有复古绿的色块镶嵌，花瓣的其他部分可根据土壤酸碱度调色，花色较浅，耐晒性好。

花色：可调色，粉色、蓝色、紫色或混合色

花形：圆球形，单瓣

开花方式：仅老枝开花

株高：0.5 ~ 0.7 米

'魔幻海洋'
（Magical Ocean）

又名'水晶绒球'。株型略高，花球直径和单朵花瓣较大，花瓣边缘呈尖角，有锯齿花边。花色较浅，初开为白色渐变粉色，随后花瓣的尖角处将呈现出翠绿色。

花色：可调色，粉红色或粉紫色，不易调蓝

花形：圆球形，单瓣

开花方式：仅老枝开花

株高：0.6 ~ 0.9 米

'魔幻贵族'
（Magical Noblesse）

花芯为粉色，并向外扩散渐变为白色和浅绿色，但花色不稳定，白与绿的阶段很短，高温下翠绿的部分容易褪色，使整朵花显现为完全的粉色。

花色：不易调色，粉色、绿色

花形：圆球形，单瓣

开花方式：仅老枝开花

株高：0.5 ~ 0.7 米

'魔幻羽翼'
（Magical Wings）

外圈的花瓣比"魔幻"系列中的其他绣球花略大，有羽翼般的装饰效果。花色从最初的浅绿色逐渐变白。花瓣质地厚实。具有更好的耐晒性与耐寒性。

花色：不可调色，白色

花形：圆球形，单瓣

开花方式：仅老枝开花

株高：0.5 ~ 0.7 米

'魔玉'
（Vibrant Verde）

荷兰2018年推出的"伦勃朗"（Rembrandt）系列品种之一。植株紧凑，整体花色以玉绿色为主，花芯的部分为白色和粉色。盛开的时间持久，在秋色阶段，花瓣绿色的部分可以转变为深红色。

花色：不易调色，粉色、绿色
花形：圆球形，单瓣
开花方式：仅老枝开花
株高：0.5 ~ 0.7 米

极简的纯净白

'雪球'
（Schneeball）

花瓣边缘有精致的锯齿，花朵就像一个巨大的雪球，花色不受土壤酸碱度影响。由法国 Sicamus 园艺公司培育。

花色：不可调色，白色
花形：圆球形，单瓣
开花方式：仅老枝开花
株高：0.5 ~ 0.7 米

'雪舞'
（Dancing Snow）

又名'婚纱'（Wedding Gown）。株型与花球紧凑，白色的重瓣使整朵花看上去圆润饱满。具有山绣球的基因，耐晒性与耐寒性较好。

花色：不可调色，白色
花形：圆球形，重瓣
开花方式：新、老枝都开花
株高：0.6 ~ 0.9 米

'无尽夏新娘'
（Blushing Bride）

花朵初开为纯白色，根据土壤的酸碱度，花瓣会显现出如新娘般甜美的浅粉色或浅蓝色，枝条纤细，耐晒性较弱。

花色：白色，可调色为极浅的粉色、蓝色或紫色

花形：圆球形，单瓣

开花方式：新、老枝都开花

株高：0.9 ～ 1.5 米

'永恒之纯洁'
（Forever & Ever White）

花形、花色与'无尽夏新娘'较为相似，但植株更矮小紧凑，枝条直立性更好。

花色：白色，可调色为极浅的粉色、蓝色或紫色

花形：圆球形，单瓣

开花方式：仅老枝开花

株高：0.5 ～ 0.7 米

'白色天使'
（White Angel）

中间的不育花也可展开，花芯部分会根据土壤酸碱度不同而显现出较浅的粉色或蓝色，整体花球直径可达 15 ～ 20 厘米。

花色：不可调色，白色

花形：平顶形，重瓣

开花方式：新、老枝都开花

株高：0.8 ～ 1 米

'泉鸟'
（Izumi Bird）

外圈的不育花直径大，花瓣呈尖角，花朵初开为纯白色，根据土壤酸碱度，花瓣会呈现出较浅的粉色、蓝色或紫色。

花色：白色，可调色为极浅的粉色、蓝色或紫色

花形：平顶形，重瓣

开花方式：新、老枝都开花

株高：0.6～0.8米

'魔法公主'
（Koria）

外圈的不育花直径大而精美，花瓣边缘有细腻的锯齿，花瓣与中间的可育花能根据土壤酸碱度变色。

花色：白色，可调色为极浅的粉色、蓝色或紫色

花形：平顶形，单瓣

开花方式：仅老枝开花

株高：0.8～1米

'爱你的吻'
（Love You Kiss）

植株高大，但花序直径较小。花期进入尾声时，花瓣和叶片边缘会显现出红色。

花色：不可调色，白色

花形：平顶形，单瓣

开花方式：新、老枝都开花

株高：0.8～1米

'斑马'
（Zebra）

素净的白色花朵与黑红色的枝条形成鲜明对比，花瓣边缘有清晰的锯齿。耐晒性较好。

花色：不可调色，白色
花形：圆球形，单瓣
开花方式：新、老枝都开花
株高：0.8～1米

热烈的朱砂红

'魔幻红宝石'
（Magical Ruby Tuesday）

花朵由初开时的绿色，逐渐显现出翠绿色块与红色的渐变，最后转变为完全的红色。花芯中间的可育花也会展开，宛如淡紫色的珠宝镶嵌其中。植株紧凑，耐晒性良好。于2015年在国际观赏植物贸易博览会上获得"最佳花园植物"称号。

花色：不可调色，红色
花形：圆球形，单瓣
开花方式：仅老枝开花
株高：0.5～0.7米

'魔幻绿火'
（Magical Green Fire）

花瓣上翠绿的色块与亮红色形成鲜明对比。与'魔幻红宝石'有一定相似性，但花瓣为圆弧形，花球形状较为扁平。

花色：不可调色，红色、渐变复古绿
花形：圆球形，单瓣
开花方式：仅老枝开花
株高：0.5～0.7米

'维克巴特古堡'
（Schloss Wackerbarth）

花朵初开为翠绿色，随后从花瓣边缘开
始显现红色，绿色与红色交织，由花芯
向外延伸出深玫红色的纹理，花色变化
丰富。由法国 Sicamus 园艺公司培育。
花色：不可调色，红色、渐变复古绿
花形：圆球形，单瓣
开花方式：仅老枝开花
株高：0.6 ~ 0.9 米

'红火'
（Hot Red）

花朵初开为翠绿色，随着温度上升显现
为完全的大红色，花芯的可育花为白色，
花球硕大。由法国 Sicamus 园艺公司
培育。
花色：不可调色，红色
花形：圆球形，单瓣
开花方式：仅老枝开花
株高：0.6 ~ 0.9 米

'花火'
（Rosso Glory）

荷兰 2018 年推出的"伦勃朗"系列品种
之一。植株紧凑矮小，花朵初开时为绿色，
在绽放过程中花瓣边缘开始显现为红色，
花瓣顶端有墨绿的色块。
花色：不可调色，红色、渐变复古绿
花形：圆球形，单瓣
开花方式：仅老枝开花
株高：0.6 ~ 0.8 米

'开心果'
（Pistachio）

又名'万花筒'。暗红色的花瓣尖端为翠绿色，花芯部分为蓝紫色，中心的可育花可展开。与'魔幻红宝石'有一定相似性，但颜色变化更丰富，使一朵花同时拥有三种对比鲜明的色彩。

花色：不可调色，暗红色、翠绿色、蓝紫色

花形：圆球形，单瓣

开花方式：仅老枝开花

株高：0.6 ~ 0.8 米

'永恒之热情'
（Forever & Ever Red）

浓郁的玫红色接近亮红色。植株矮小紧凑，枝条直立性更好，抗病性好。

花色：不可调色，红色

花形：圆球形，单瓣

开花方式：仅老枝开花

株高：0.5 ~ 0.7 米

华丽的重瓣平顶

'佳澄'
（Kasumi）

生长快速，枝条强健直立，花球直径可达 20 ~ 25 厘米。外圈大朵的不育花先开，中间小朵的可育花后开，均为重瓣，全部展开后精致密集。

花色：可调色，蓝色、粉色、紫色或混合色

花形：平顶形，重瓣

开花方式：新、老枝都开花

株高：0.6 ~ 1 米

'歌合士'
（Singing Together）

植株高大，花瓣细长，外圈的花朵呈拱
形垂吊，整体花形较为松散。
花色：可调色，略深的粉色、蓝紫色，
不易调蓝
花形：平顶形，重瓣
开花方式：新、老枝都开花
株高：0.8～1米

'你我的永恒'
（You and Me Forever）

花球直径相对较小，花形不够规整，包
裹在中间的小型花完全展开后，与先绽
放的外圈大型花朵相差无几。
花色：可调色，蓝色、粉色、紫色或混
合色
花形：平顶形，重瓣
开花方式：仅老枝开花
株高：0.6～1米

'你我的情感'
（You and Me Feelings）

花球直径比'你我的永恒'更大。花瓣
边缘有精致的小锯齿，是一款华丽的平
顶形重瓣品种。
花色：可调色，蓝色、粉色、紫色或混
合色
花形：平顶形，重瓣
开花方式：仅老枝开花
株高：0.6～1米

'小町'
（Komachi）

最明显的特点是外圈的花瓣巨大，单朵花直径可达 5 ~ 6 厘米，颜色浓郁，但枝条直立性略差，容易倒伏。

花色：可调色，浓郁的普蓝色、玫瑰红色或薰衣草紫色

花形：平顶形，重瓣

开花方式：新、老枝都开花

株高：0.6 ~ 0.8 米

'卑弥呼'
（Himiko）

花形与'小町'相似，但花球直径、花瓣与株型都相对更小。花朵紧凑密集，花色浓郁，耐晒性较好。

花色：可调色，浓郁的普蓝色、玫瑰红色或薰衣草紫色

花形：平顶形，重瓣

开花方式：新、老枝都开花

株高：0.6 ~ 0.8 米

'九重之樱'
（Kujou Cherry ）

花形与'小町'相似。外圈的不育花较大，花瓣圆润，植株矮小，整体花形不规整，最大的特点是花色较为淡雅。

花色：可调色，粉色、蓝色、紫色或混合色

花形：平顶形，重瓣

开花方式：仅老枝开花

株高：0.4 ~ 0.6 米

'奇妙仙子'
（Tinker Bell）

外圈的单朵不育花巨大，花朵初开时花瓣边缘为白色，但不稳定、易消失。中间的可育花全部展开后，可形成圆润的球形花序。

花色：可调色，粉色或粉紫色
花形：平顶形，重瓣
开花方式：仅老枝开花
株高：0.4 ~ 0.6 米

'头花'
（Corsage）

枝条强健直立，花球直径巨大。花瓣质地厚实，带有装饰性的尖角。花朵完全盛开后可呈现圆球形，观赏期持久，不易萎蔫。花期晚于其他大花绣球。

花色：可调色，粉色、蓝色、紫色或混合色
花形：平顶形，重瓣
开花方式：新、老枝都开花
株高：0.6 ~ 0.8 米

'御殿'
（Rozario）

花瓣的形状与'头花'相似。花瓣与花球直径较小，花色略深，具有更好的耐晒性。

花色：可调色，略深的粉色、蓝色、紫色或混合色
花形：平顶形，重瓣
开花方式：新、老枝都开花
株高：0.6 ~ 0.8 米

'星星糖'

（Konpeito）

花瓣外圈为白色，颜色由内到外渐变，高温日晒时中间的花色会偏深，与白色部分有明显分界线。

花色: 可调色，较深的玫红色、蓝紫色

花形: 平顶形，重瓣

开花方式: 新、老枝都开花

株高: 0.6～1米

'最新型'

（A la mode）

外圈的单朵不育花直径可达5～6厘米，与'星星糖'较相似，但花瓣白色的部分更稳定，渐变效果柔和，耐晒性较好。

花色: 可调色，粉色、蓝色、紫色或混合色

花形: 平顶形，重瓣

开花方式: 新、老枝都开花

株高: 0.6～1米

'闪闪星'

（Glitter star）

整体花形与'最新型'相似，最明显的区别是花瓣边缘有精致的锯齿，花色不易调蓝，植株强健。

花色: 可调色，亮粉色或霓虹紫色

花形: 平顶形，重瓣

开花方式: 新、老枝都开花

株高: 0.6～0.8米

'早安'
（Good Morning）

花瓣边缘有精美的锯齿，中间的小型不育花为重瓣，枝条直立性好。

花色：可调色，粉色、蓝色、紫色或混合色

花形：平顶形，重瓣

开花方式：新、老枝都开花

株高：0.8 ~ 1 米

'蝴蝶'
（Papillon）

外圈的不育花先开，当内圈的可育花逐渐展开后，整体可成为不规则的半球形。

花色：可调色，粉色、蓝色、紫色或混合色

花形：平顶形，重瓣

开花方式：仅老枝开花

株高：0.6 ~ 0.8 米

'妖精之爱'
（Fairy love）

与'小町'有一定相似性，区别是花瓣为圆角，枝条的直立性较好，花色浓郁，不易调蓝。

花色：可调色，玫红色或霓虹紫色

花形：平顶形，重瓣

开花方式：仅老枝开花

株高：0.5 ~ 0.7 米

'雨中曲'
（Ame Ni Utaeba）

初开时，花瓣中间会根据土壤酸碱度呈现纵向的色彩，随着花期进展和日照强度增加，会出现色彩扩散或者完全变白的花瓣。中间的可育花也可展开，花球直径略小，但花形精致有序，不易调蓝。

花色：可调色，略深的粉色、蓝紫色

花形：平顶形，重瓣

开花方式：新、老枝都开花

株高：0.5 ~ 0.7 米

'水天一色'
（Suiten-isshiki）

外圈的不育花直径较大，花瓣呈尖角，当花瓣整体显色后，花朵中心呈米白色，形成更具立体感的观赏效果。植株强健。

花色：可调色，粉色、紫色、浅蓝色或混合色

花形：平顶形，重瓣

开花方式：新、老枝都开花

株高：0.6 ~ 0.8 米

'凌波'
（Ayanami）

中间的不育花也可展开成为重瓣的装饰花朵，完全绽放后可呈现圆球形，枝条直立性好。

花色：可调色，粉色、紫色、浅蓝色或混合色

花形：平顶形，重瓣

开花方式：仅老枝开花

株高：0.6 ~ 0.8 米

'星之樱'
（Hoshino Sakura）

花瓣边缘有精致的小锯齿，与'早安'有一定相似度，但花瓣为尖角，中间的小型不育花以单瓣形式展开。植株高大、长势迅速。

花色：可调色，粉色、紫色、浅蓝色或混合色

花形：平顶形，重瓣

开花方式：仅老枝开花

株高：0.6 ~ 0.8 米

优秀的单瓣品种

'甜蜜梦想'
（Sweet Fantasy）

又名'舞姬'。植株矮小紧凑，花瓣上带有独特的条纹和斑点，耐晒性好，但高温日照下斑点容易消褪。

花色：可调色，鲑鱼粉、普蓝色或浅紫色

花形：圆球形，单瓣

开花方式：仅老枝开花

株高：0.4 ~ 0.6 米

'银边绣球'
（Tricolor）

最具特色之处是叶片有一圈白色的镶边，中间的可育花会因土壤酸碱度变化而变色，外圈的不育花为白色，枝条直立性好。

花色：中间的可育花可调色，深粉色、普蓝色或紫色

花形：平顶形，单瓣

开花方式：仅老枝开花

株高：0.7 ~ 0.9 米

'博登湖'
（Bodensee）

又名'海宁蓝'。枝条健壮挺拔，直立性好。花朵紧凑，初开时拥有海浪般淡雅的浅蓝色。

花色：可调色，蓝色、粉色、紫色或混合色

花形：圆球形，单瓣

开花方式：仅老枝开花

株高：0.4 ~ 0.6 米

'泰勒宝林'
（Teller Blauling）

又名'蓝色叙述者'。花瓣边缘有细腻的锯齿，外圈的不育花直径较大。由法国 Sicamus 园艺公司培育。

花色：可调色，粉色、蓝色、紫色或混合色

花形：平顶形，单瓣

开花方式：仅老枝开花

株高：0.7 ~ 0.9 米

'晨蓝'
（Early Blue）

植株紧凑，叶片较小，开花茂密，枝条强健无须支撑，比一般绣球更耐湿和耐旱，有较早开花的特性。

花色：可调色，略深的蓝色、粉色、紫色

花形：圆球形，单瓣

开花方式：仅老枝开花

株高：0.6 ~ 0.8 米

'法国小姐'
（Mademoiselle）

植株紧凑，拥有明艳动人的亮粉色花朵，花瓣边缘颜色略深。由法国 Sicamus 园艺公司培育。

花色：不易调色，亮粉色或霓虹紫色
花型：圆球形，单瓣
开花方式：仅老枝开花
株高：0.6 ~ 0.8 米

'双子座'
（Gemini）

株型矮小紧凑，花球直径较大，花色为具有怀旧感的复古粉色，细小的锯齿花边精致但不张扬，后期花瓣上逐渐显现出复古灰绿色。

花色：不易调色，复古粉
花形：圆球形，单瓣
开花方式：仅老枝开花
株高：0.3 ~ 0.5 米

'塞尔玛'
（Selma）

整个花期中，从花瓣边缘开始显色，逐渐延伸到花芯，具有持续细腻的花色变化。

花色：不易调色，玫红色或紫红色
花形：圆球形，单瓣
开花方式：仅老枝开花
株高：0.8 ~ 1 米

'永恒之浪漫'
（Forever & Ever Pink）

荷兰培育的"永恒"系列之一。花形圆润饱满，植株紧凑矮小，枝条直立性好。

花色：可调色，蓝色、粉色、紫色或混合色

花型：圆球形，单瓣

开花方式：仅老枝开花

株高：0.5 ～ 0.7 米

'火烈鸟'
（Flamingo）

与'斑马'一样拥有独特的黑红色枝条，花形、花色与'无尽夏'相似。耐晒性较好。

花色：可调色，蓝色、粉色、紫色或混合色

花形：圆球形，单瓣

开花方式：仅老枝开花

株高：0.6 ～ 0.8 米

'繁星'
（Stars）

花瓣尾端为尖角，花色略为浓郁，叶片边缘有明显锯齿，枝条紧凑，直立性和耐晒性较好。

花色：可调色，深粉色或蓝紫色

花形：圆球形，单瓣

开花方式：仅老枝开花

株高：0.5 ～ 0.7 米

山绣球——大花绣球的亚属

　　不同于"绣球"一词的高度概括性，自古以来，"八仙花"与"聚八仙"都具有固定而明确的指向，特指由一圈大型不育花环绕中心一簇可育花的花形。以拱形方式垂下的大型不育花，宛如聚拢翩飞的蝴蝶，因此古诗中常将这类花比喻为蝶，包括琼花、山绣球和其他具有此类花形的原生绣球。

　　"密团粉腻翠枝擎，乱碾铢衣降紫冥。""蒂占琼瓣轻如蝶，心裛金丛灿若星。"

——《聚八仙花》董嗣杲

　　"人间春足。一番红紫，水流风逐。戏蝶初闲，轻摇粉翅，高低飞扑。雨昏烟暝增明，似积雪、枝间映绿。后土琼芳，蓬莱仙伴，蕊粉香粟。"

——《柳梢青·聚八仙花》赵师侠

在绣球的近代研究记录中，山绣球最早发现于韩国的济州岛和日本的高地山区，这也是"山绣球"一名的由来。其墨绿色的叶片边缘有明显的锯齿，因此也被称为锯齿绣球、粗齿绣球、泽八绣球，拉丁学名为 *Hydrangea Serrata*。

对于山绣球的命名与所属科目一直存在着争议。到目前为止，大多数植物学家仍然将山绣球视为大花绣球的亚属，在市面上也经常作为大花绣球的品种出售。

因为山绣球与大花绣球的确存在很多相似之处。两者都既有圆球形和平顶形两种花形，也有白色、双色和可根据土壤酸碱度变化的花色。但它们最明显的区别在于，绝大多数山绣球的枝条和主叶脉为深红色、叶片为墨绿色，叶型较小，枝条纤细却坚韧，具有更好的直立性。

下左图为山绣球深红色的枝条。右图为山绣球的叶片与大花绣球的叶片对比。

　　原生的山绣球花型较小，但大多数为平顶形，虽不特别引人注目，花球中纤长别致的花蕊却反客为主，成为吸睛的焦点，自有一番古典淡雅的气质。经过园艺改良后的山绣球品种，花型大小与大花绣球已经没有明显差别，有些品种还具有更华丽的重瓣花形以及新、老枝都开花的特性。多达11个品种的山绣球获得了英国皇家园艺学会颁发的"花园优异奖"。

　　'珍贵'（Preziosa）是最早引入国内的山绣球之一。花朵初开时为白色，花瓣的边缘为一圈浅粉色，随着温度的上升，整朵花的粉色逐渐加深，花期尾声将显现出复古绿与玫瑰红的斑点。

　　育种家们也将山绣球的优秀基因用于大花绣球的杂交，培育出诸如'塞布丽娜''怒放'，这类具有更好环境适应性的品种。

山绣球的种植特点

　　原生于高地山区的山绣球，比大花绣球拥有更好的耐寒性和耐晒性，能够抵御 -12℃的冬季严寒，也可以耐受40℃的高温暴晒。植株抗病性较好，使用排水性良好的土壤，在通风的环境下，几乎不会感染病虫害。7～10区都可以在户外种植，充分的日照有利于获得更好的开花效果。

'珍贵'（Preziosa）

山绣球中少有的圆球花形，但花色不易调蓝，以粉色为主，当土壤 pH 值偏弱酸性，花瓣边缘会略显紫色。曾荣获英国皇家园艺学会颁发的"花园优异奖"。

花色：不易调色，粉色

花形：圆球形，单瓣

开花方式：仅老枝开花

株高：0.6 ~ 0.9 米

'微型斯塔夫'（Tiny Tuff Stuff）

最大的特点是株高仅 0.4 ~ 0.6 米，是目前最矮小的山绣球。花序直径也相对较小，外圈的不育花为精致的重瓣。

花色：可调色，蓝色、粉色、紫色或混合色

花形：平顶形，重瓣

开花方式：新、老枝都开花

株高：0.4 ~ 0.6 米

'塔贝'（Taube）

花形更接近原生的山绣球，但花朵直径较大。耐晒性与耐寒性较好。中间的可育花展开后，花蕊具有极佳的观赏性。

花色：可调色，蓝色、粉色、紫色或混合色

花形：平顶形，单瓣

开花方式：仅老枝开花

株高：0.6 ~ 0.9 米

'斯塔夫'（Tuff Stuff）

第一款重瓣山绣球。外圈花瓣为覆盆子红，花芯部分为浅绿色，花色非常别致。由美国罗文·温纳斯公司培育。

花色：不易调色，覆盆子红

花形：平顶形，重瓣

开花方式：新、老枝都开花

株高：0.6 ~ 0.9 米

'三河千鸟'（Mikawatideri）

只有细小的可育花，没有装饰性的不育花，初开时花瓣略带翻卷，中间的可育花展开后，花蕊纤长，并带有淡香，但植株长势较弱。

花色：可调色，蓝色、粉色、紫色或混合色

花形：圆球形，单瓣

开花方式：仅老枝开花

株高：0.5 ~ 0.7 米

'啊哈斯塔夫'（Tuff Stuff Ah-Ha）

外圈的重瓣不育花巨大，单朵直径可达 5 ~ 6 厘米，总能让第一次看到它的人不由地"啊哈"一声以表惊讶。

花色：可调色，蓝色、粉色、紫色或混合色

花形：平顶形，重瓣

开花方式：新、老枝都开花

株高：0.6 ~ 0.9 米

乔木绣球——世纪流转的白月光

乔木绣球是在美国分布广泛的原生植物，拉丁学名 *Hydrangea arborescens*，也被称为光滑绣球（Smooth Hydrangea）或野生绣球（Wild Hydrangea）。从美国东部的阿巴拉契亚山脉到东北部特拉华河的山坡、峡谷、河岸、溪边，从东南部的佛罗里达州延伸至俄克拉荷马州、堪萨斯州的最西部，在土壤湿润和排水良好的地方，每年5—7月都能见到它们玲珑剔透、流转连绵的身影。

1910年，在美国伊利诺伊州首次发现并命名的乔木绣球'安娜贝拉'，使野生绣球开始进入公众的视线。它们的株型适中，0.9～1.5米的株高适合不同尺度的花园。直径20～25厘米的圆球形花序，以及蕾丝般细腻丰盛的花瓣令人过目不忘。随着花期的进展，花朵会变成郁郁葱葱的玉绿色，一直持续到深秋。

在美国，它们既能抵御北部的天寒地冻，也能承受东南部的炎热气候，完美的园艺表现让'安娜贝拉'在2001年荣获英国皇家园艺学会颁发的"花园优异奖"，又于2016年被专业切花种植者协会（The Association of Specially Cut Flower Growers）评为"年度鲜切花"，是少数能获得园艺界与花艺界共同认可的绣球品种之一，也是美国花园中最受欢迎的本土植物。

乔木绣球拥有漫长的野生历史，但园艺育种进程却很缓慢，很长一段时间里都只有纯白这一种花色。直到2010年，'无敌精神'（Invincibelle Spirit）为乔木绣球家族增添了一抹粉色的光芒。这个品种由美国北卡罗来纳州立大学的汤姆·兰尼（Tom Ranney）博士培育，是第一个粉色的乔木绣球品种，在国内被称为'粉色安娜贝拉'。随着花期的进展，会显现出浅粉到深粉的颜色渐变，使每一朵花更加生动和立体。此后育种家们很快培育出了改良版的'无敌精神II'。它们拥有更强健的枝条、更巨大的花球，并且更耐寒和耐晒。在取得良好市场反响的同时，美国罗文·温纳斯公司还利用这一品种积极回馈社会，每销售一株'无敌精神'便向乳腺癌研究基金会（The Breast Cancer Research Fundation）捐赠1美元，至今已经捐赠超过120万美元。

另一个极具视觉冲击力的乔木绣球品种是"惊人"（Incredible）系列，在国内被称为'无敌安娜贝拉'，是'安娜贝拉'的升级版，包括白色的'惊人'（Incredible）和粉色的'惊人红晕'（Incredible Blush）。如同它们的英文名，直径30厘米的花球巨大到令人难以置信，在强健枝条的支撑下，即便盛夏大雨倾盆后也不会出现垂头和倒伏。

　　于2018年上市的'无敌嫣白'（Invincibelle Wee White）再次成为乔木绣球育种史上的一大突破，株高仅为30～75厘米，可以种植于任何花园空间，花序巨大而饱满。在整个花期中，花朵会先呈现出柔和的浅粉色，然后变成全白。富于开创性的'无敌嫣白'获得了美国邮购园艺协会（Direct Gardening Association）颁发的2018年度"绿拇指奖"（Green Thumb Award）。

　　除了这些圆球花形，在美国东部的野生环境中，还生长着平顶花形的乔木绣球。由宾夕法尼亚州特拉华谷学院的弗里德里克·雷（Frederick Ray）教授培育的园艺品种'哈斯光环'（Haas Halo），具有坚韧直立的枝条和直径35厘米的巨大平顶形花序。

　　虽然乔木绣球不如它的"亲戚"大花绣球那样拥有多变的花形与花色，也不会根据土壤酸碱度改变颜色，但在长达两三个月的花期里，也将经历初绽、完全显色到秋色渐变的过程。乔木绣球的单朵花花瓣小且质地相对干燥，可以在任何花色阶段剪下来作为鲜切花瓶插，或者自然风干为浅褐色的干花，保持完好的花形。

乔木绣球的种植特点

乔木绣球的日常养护非常简单，对土壤要求不严，对干旱、炎热、潮湿与暴晒都具有较好的耐受力，但对日照要求较高，每天6小时甚至全日照的种植环境，更有利于开花。

乔木绣球出色的耐寒性，使其可以适应中国的绝大部分地区。花蕾于开花前一两个月在当年新生的枝条上分化完成，因此，无论在初秋或冬末进行修剪，都不会影响正常开花。

如果你所在的地区因为冬季的寒冷无法种植大花绣球，那么乔木绣球将会是非常好的选择，只要有充足的阳光，无论地栽或盆栽，每年都可以拥有美妙的花期。

乔木绣球品种赏析

'安娜贝拉'（Annabelle）

国内也称为'安娜贝尔''贝拉安娜'。花球直径15～20厘米，
大雨后枝条容易弯曲垂向地面。
花色：不可调色，白色
花形：圆球形，单瓣
株高：1.2～1.5米

'无敌精神'（Invincibelle Spirit）

第一款粉色的乔木绣球，在国内被称为'粉色安娜贝拉'。
花形略为扁平，花球直径较小，仅有10～15厘米。
花色：粉色
花形：圆球形，单瓣
株高：1.2～1.5米

'无敌精神Ⅱ'（Invincibelle Spirit Ⅱ）

'粉色安娜贝拉'的升级版，花序直径更大，植株更饱满，
枝条直立性好，是粉色乔木绣球中最受欢迎的品种。
花色：不可调色，粉色
花形：圆球形，单瓣
株高：1.2～1.5米

'惊人'（Incredible）

'安娜贝拉'的改良版，在国内被称为'无敌安娜贝拉'。
巨大的花球直径可达30厘米，枝条强健不易倒伏，但需要
地栽和全日照才能实现理想的开花效果。
花色：不可调色，白色
花形：圆球形，单瓣
株高：1.2～1.5米

'惊人红晕'（Incredible Blush）

国内也称为'梦幻粉贝'。在白色'惊人'的基础上，培育出的浅粉色品种，继承了枝条强健、花序巨大的优点，随着花期进展将显现出复古色调的酒红色，使整朵花更具立体感。

花色：不可调色，浅粉色

花形：圆球形，单瓣

株高：1.2 ~ 1.5 米

'无敌嫣白'（Invincibelle Wee White）

植株最矮小紧凑的乔木绣球，娇小的株型可应用于任何花园空间。花色有浅粉至全白的变化。

花色：不可调色，白色、浅粉色

花形：圆球形，单瓣

株高：0.3 ~ 0.75 米

'无敌利梅塔'（Invincibelle Limetta）

初夏的花序为柠檬绿色，然后逐渐变为柔和的浅绿色与白色，并在花期接近尾声时变成玉绿色，是夏日里一道清新的风景线。

花色：不可调色，白色

花形：圆球形，单瓣

株高：0.9 ~ 1.2 米

'无敌迷你莫维特'
（Invincibelle Mini Mauvette）

植株相对矮小。最大的特色在于深粉的花色，入秋后还会呈现出迷人的紫红色。

花色：不可调色，深粉色

花形：圆球形，单瓣

株高：0.7 ~ 0.9 米

圆锥绣球——盛夏久违的清新

    圆锥绣球拉丁学名 *Hydrangea Paniculata*。"Paniculata"一词的来源是"Panicle shaped",即圆锥形花序。原产于中国(南部和东部)、韩国、日本和俄罗斯,生长在稀疏的森林、山谷或山坡上的灌木丛中。于19世纪60年代引种至美国和欧洲国家。

    美国罗文·温纳斯公司曾用"神话"和"传说"来形容这种给整个北美花园都带来了改变的植物。旅居日本北海道20多年的美国现代诗人 CD Sinex,曾写道:"冰激凌在绿色的蛋卷上,盛开的白色绣球,凉爽了夏日。"

    圆锥绣球是开花时间最晚的绣球。盛夏时节,巨大的圆锥形花序从清雅的浅绿色渐变为纯白色,与不同颜色的植物、不同风格的建筑和花园都能完美搭配。当秋季来临,在昼夜温差明显的地区,花青素的积累会使圆锥绣球呈现出更迷人的秋色,不同的品种将显现出不同深浅的粉色或酒红色,将美丽延续到冬季。

圆锥绣球拥有比大花绣球更持久的观赏期。由于圆锥绣球的花瓣质地更干燥、致密，不容易出现大花绣球那样的缺水萎蔫，因此可以在花期的任何阶段将其花序剪下来瓶插，或者倒挂风干成为干花。在秋冬少雨干燥的地区，可以任其花朵保留在枝头直至冬季，最后褪色成为栗色，显现出镂空的花瓣纹理。

圆锥绣球拥有拖把头和蕾丝帽两种花形。蕾丝帽花形的代表品种有'花园蕾丝''粉色精灵'等，外圈的大朵不育花点缀在中间密集细小的可育花上，整体花序虽然不够密集丰盛，但别有一番轻盈灵动的风情。

圆锥绣球的早期品种都株型高大，长势豪放，株高和冠幅可达1.8～2.4米，在宽敞的空间里具有多重用途，可地栽作为华丽的开花树篱，或是独立一丛作为引人注目的视觉焦点。代表品种'石灰灯'不仅荣获英国皇家园艺学会颁发的"花园优异奖"，还作为出色的切花花材，被专业切花种植者协会评为"2008年度鲜切花"。

为了适应更多小型花园的种植需求，如今的圆锥绣球品种拥有更小巧的株型和紧凑的花朵，阳台、露台都可以盆栽种植。比如'活力青柠''霹雳贝贝'都比它们的"兄长"低矮很多。目前最低矮的品种是2018年面市的'北极星'，株高仅50厘米，甚至比大花绣球更矮小，在2018年荷兰花园试验与贸易展上被评为"最具新颖品种奖"。在绣球的世界里，最大的变化恰是"最小"的。

圆锥绣球的种植特点

于仲夏绽放的圆锥绣球拥有两项无与伦比的优势——耐晒与耐寒。盛夏时节，当大花绣球的叶片被灼伤、枝条潦倒时，圆锥绣球却可以毫无畏惧地优雅盛放，墨绿色的叶片生机盎然。寒冬腊月，在中国的黑龙江最东部、美国北部等 -30℃的地区，圆锥绣球都可以在户外无防护越冬。

此外，圆锥绣球和乔木绣球一样，只在当年生长的新枝条上开花，且是最容易修剪的绣球，不用担心剪掉花芽而导致不开花。你可以在夏季花后至次年早春的任何时间进行修剪，还可以通过修剪轻松培育成树形棒棒糖。

圆锥绣球的生命力旺盛，生长迅速，成株的粗糙叶片很少受到病虫害的侵袭。它们不择土壤、不挑气候，唯一的要求是充足的日照，全日照的环境能确保花朵更丰硕。

圆锥绣球品种赏析

'白玉'（Grandiflora）

最早应用于园艺的圆锥绣球，在美国被认为是圆锥绣球的始祖，也称为'Pee Gee'。花序相对较小，枝条的直立性偏弱，花开后易垂头。
花色：白色，秋色为浅粉色
花形：圆锥形
株高：1.8 ~ 2.4 米

'石灰灯'（Limelight）

又名'抹茶'。以巨大紧凑的花序而闻名，枝条强健，直立性好。曾荣获英国皇家园艺学会颁发的"花园优异奖"。
花色：白色，秋色为浅粉色
花形：圆锥形
株高：1.8 ~ 2.4 米

‘胭脂钻’（Diamant Rouge）

花序初开为纯白色，枝条直立性好，以丰盛的花量著称。在秋季温差明显的地区花朵会渐变为酒红色，是后期花色最红的圆锥绣球。

花色：白色，秋色为酒红色

花形：圆锥形

株高：1.5 ~ 1.8 米

‘小绵羊’（Little Lamb）

小绵羊的花瓣是所有圆锥绣球中最小巧、细腻的，整个花序被蓬松精致的花朵笼罩，就像灌木丛里的小羊羔。

花色：白色，秋色为浅粉色

花形：圆锥形

株高：1.2 ~ 1.8 米

‘夏日美人’（Sweet Summer）

拥有大量蓬松密集的纯白色花朵。进入深秋，花色将从下至上变为鲜艳的粉红色，最终呈现深粉色。枝条坚固直立，是一种良好的鲜切花花材。

花色：白色，秋色为深粉色

花形：圆锥形

株高：1.2 ~ 1.5 米

‘香草草莓’（Vanille Fraise）

枝条为独特的深红色，花序直立饱满，初开为白色，在秋季有温差的地区，花序由下至上可以显现出粉红色至玫红色。

花色：白色，秋色为浅粉色至玫红色

花形：圆锥形

株高：1.5 ~ 1.8 米

'小石灰灯'（Little Lime）

又名'活力青柠'。拥有更矮小的植株，花量密集，花序直立性好。适合盆栽种植。

花色：白色，秋色为灰绿色至粉色

花形：圆锥形

株高：0.6~0.9米

'波波'（BOBO）

又名'百变波波'。枝条纤细但坚固，花序丰盛，花形略为松散，花期早于其他圆锥绣球。

花色：白色，秋色为酒红色

花形：圆锥形

株高：0.7~0.9米

'北极熊'（Polar Bear）

花序巨大，让人联想到北极熊的巨大身形。植株丰满紧凑，枝条直立挺拔。

花色：白色，秋色为浅粉色

花形：圆锥形

株高：1.2~1.5米

'北极星'（Pole Star）

目前最矮小的圆锥绣球。花序相对扁平，开花时间早于其他圆锥绣球。

花色：白色，秋色为浅粉色

花形：圆锥形，蕾丝帽花形

株高：0.4~0.5米

'粉色精灵'（Pinky Winky）

长达 40 厘米的白色花序在夏季中晚期开放。当花序下部的小花变成深粉色时，顶端会产生新的白色小花，显现出双色花序。

花色：白色，秋色为深粉色
花形：圆锥形，蕾丝帽花形
株高：1.8 ~ 2.4 米

'烈焰'（Quick Fire）

花朵初开为纯白色，然后变成粉红色，在深秋将显现出浓郁的酒红色。叶片为金黄色至暗红色。花期比其他圆锥绣球早一个月左右。

花色：白色，秋色为酒红色
花形：圆锥形，蕾丝帽花形
株高：1.8 ~ 2.4 米

'小烈焰'（Little Quick Fire）

花形、花色与'烈焰'相同，但植株更矮小紧凑，是花期最早的圆锥绣球之一。

花色：白色，秋色为酒红色
花形：圆锥形，蕾丝帽花形
株高：0.9 ~ 1.2 米

'火光'（Fire Light）

花瓣之间略为松散，花序较小，后期会变成鲜艳的亮红色，这正是它名字的由来，是一种很好的鲜切花花材。

花色：白色，秋色为亮红色
花形：圆锥形
株高：1.8 ~ 2.4 米

'花园蕾丝'（Baby Lace）

早期的蕾丝帽花形品种。白色的不育花环绕在密集的可育花周围，整体呈圆锥状，后期变色为浅粉色。

花色：白色，秋色为浅粉色
花形：圆锥形，蕾丝帽花形
株高：1.5 ~ 1.8 米

'烛光'（Candle Light）

枝条紧凑强健，上部为紫红色。花朵初开为黄绿色，随后逐渐转变为纯白色。蕾丝帽花形的镂空效果，使花色与枝条具有鲜明的对比。

花色：白色，秋色为深红色
花形：圆锥形，蕾丝帽花形
株高：1.5 ~ 1.8 米

'魔幻月光'（Magical Moonlight）

植株与花序一样高大密集，单朵花可长达40厘米，花朵初开为淡绿色，随后逐渐转变为纯白色。

花色：白色，秋色为复古绿色
花形：圆锥形
株高：1.5 ~ 1.8 米

栎叶绣球——花与叶最精彩的关系

　　栎叶绣球因其叶片的形状类似栎树叶而得名，拉丁学名 *Hydrangea Quercifolia*。"Quercifolia"源于两个拉丁词语"quercus"（栎树）和"folium"（树叶）。

　　栎叶绣球原产于美国，最早发现于美国南部的佐治亚州和亚拉巴马州，在峡谷和溪流岸边都能见到野生栎叶绣球的身影。株型和冠幅巨大，通常高达1.2～1.8米，有些原生品种的最终高度甚至可以达到2.5～3米。四季花色分明，巨大的圆锥形花序也非常引人注目，经常被种植在树荫下作为花园背景或者树篱。

　　春天，栎叶绣球掌形的叶片开始伸展，每一片上都覆盖着浓密的白色茸毛。盛夏，长达30～35厘米的巨大白色花序绽放，并带有淡奶油般的香甜气息。到了秋季，昼夜温差大，不同的品种花色出现变化，显现出粉红色至深红色，叶片变成醒目的亮红色、勃艮第酒红色或紫红色。冬季，当树叶落下时，栎叶绣球会展现出优美的轮廓和美丽的肉桂色树皮。

　　在所有的绣球中，栎叶绣球呈现了花与叶最多变的景致。四季变化、全年可赏，深受国外园艺爱好者与园林设计师的喜爱，也是美国东海岸和内陆地区常见的花园植物。

　　过去很长一段时间里，栎叶绣球的园艺培育较少，品种相对单一，大众熟知的仅为重瓣的'雪花'（Snow Flake）、'和声'（Harmony），单瓣的'麦肯齐'（Munchkin）、'冰雪女王'（Snow Queen）、'爱丽丝'（Alice）等。直到近年来，美国罗文·温纳斯公司推出了"盖茨比"（Gatsby）系列的栎叶绣球。正如美国文学的经典之作《了不起的盖茨比》一样，"盖茨比"系列展现了栎叶绣球卓越的花园特性和美感，并且具备更优秀的耐寒性，可耐寒7区。现在是时候来了解这个来自美国东南部的"大美女"了。

栎叶绣球的种植特点

栎叶绣球可以经受美国南部漫长而炎热的夏季的考验，也可以适应中国江浙及其他南方地区盛夏的高温。它们并不要求过多的阳光，为了让巨大的花序拥有更长的观赏期，上午三四个小时的日照和下午半天遮阴是最理想的种植环境，斑驳的树荫下也可以获得良好的开花效果。

栎叶绣球喜欢弱酸性土壤，且不会根据土壤的酸碱度改变花色。与大花绣球不同的是，栎叶绣球是少数不喜欢湿度过高的绣球，甚至能在干燥的地方茁壮成长，因此，排水良好的种植介质非常重要，长期潮湿的环境容易导致根部腐烂。

栎叶绣球并不十分耐寒，且只在老枝开花，在冬天持续低于 −5℃的地区，需要对花芽进行保护。

栎叶绣球品种赏析

'雪花'（Snow Flake）

在 30 ~ 40 厘米长的圆锥形花序上，重瓣的花朵陆续从底部开始绽放，一直延伸到顶部。花期比单瓣品种更持久，如果你的花园里只能拥有一株栎叶绣球，'雪花'是最好的选择。

花色：白色
花形：圆锥形，重瓣
株高：1.8 ~ 2.4 米

'盖茨比新星'（Gatsby Star）

重瓣的花序与'雪花'非常相似，不同之处是'盖茨比新星'的花瓣为尖角。星星般的花形正是它名称的由来——密集的花序就像一束星星，闪烁着令人目不转睛的光芒。

花色：白色
花形：圆锥形，重瓣
株高：1.8 ～ 2.4 米

'和声'（Harmony）

比其他栎叶绣球拥有更丰硕的花序，紧凑的纯白色小花聚集出饱满的圆锥形，后期雪白的色调中出现浅绿色的阴影。在整个夏季都可以欣赏到持久、华丽的花朵。

花色：白色
花形：圆锥形，重瓣
株高：1.8 ～ 2.4 米

'粉色盖茨比'（Gatsby Pink）

单瓣的'粉色盖茨比'拥有更生动的秋季色彩。深秋时节，白色的花序变成粉红色，深绿色的叶片变成勃艮第酒红色。花序直立性好。

花色：白色，秋色为粉色
花形：圆锥形，单瓣
株高：1.8 ～ 2.4 米

'少女盖茨比'（Gatsby Gal）

外圈大型的不育花包裹着内部蕾丝般的小型可育花。秋季花序会变为柔和的浅粉色，植株相对矮小。

花色：白色，秋季为浅粉色
花形：圆锥形，单瓣
株高：1.5 ～ 1.8 米

攀缘绣球——特立独行的攀爬高手

　　园艺中所称的攀缘绣球（拉丁学名 *Anomala* Subsp. *Petiolaris*）是虎耳草科、花开呈平顶形的木质藤蔓绣球的统称，包括盖冠绣球及其亚种藤绣球等。

　　攀缘绣球原产于亚洲，以及俄罗斯远东地区。就像一位真正的攀爬高手，它们极具活力，生长在溪岸、山坡一带树木繁茂的地区，茎上的气生根具有一定的攀附能力，可附着在粗糙的树木和岩石表面，攀爬高度可达9～15米。

　　目前中国的花园里，鲜少种植攀缘绣球，其身影在欧洲和北美洲更为多见，常攀爬于房屋北面阴凉、少阳的外墙或者高大的廊架、栅栏上。攀缘绣球的气生根不会对建筑物和其他植物造成伤害。它们还可以作为地被植物生长，布满20平方米左右的地面。

　　攀缘绣球于每年5—7月开花，直径20～30厘米的白色花序为平顶形，较大的不育花将许多密集细小的可育花环绕在中间，带有淡香。在整个花期中，花色不会有明显的变化，到9月就能结出圆形的果实。它们在潮湿的土壤上很容易播种繁殖，却不易扦插。

攀缘绣球的叶片为椭圆形，目前园艺品种的叶片都带有斑点或镶边，比如翠绿镶黄边的'米兰达'（Mirranda）、'斑驳库加'（Kuga Variegated），深绿带白色斑点镶边的'魔法'（Take a Chance）。

冬季落叶后，主杆和茎将显现出一种温暖的肉桂色，为冬季带来观赏的乐趣。

攀缘绣球的种植特点

除了独特的藤蔓习性和斑驳的叶片色彩，攀缘绣球和其他大花绣球一样既能在全日照下良好生长，也可以适应半天荫蔽的环境。它们具有良好的耐寒性，但不喜欢过于炎热的气候，在冷凉的5～7区都能表现出旺盛的生命力，在夏季较热的8～9区则需要更多的遮阴。

攀缘绣球几乎不会有严重的病虫害，也不挑剔土壤，但需要良好的排水条件，每年仅在老枝条开花，除了花后剪除残花以外无须过多的修剪，在生长初期的2～3年内也不需要通过修剪枝条来促进开花。

刚开始种植攀缘绣球需要一些耐心，因为小苗在前2～3年生长缓慢甚至难以开花，当植株达到一定高度便会呈现爆发式生长。国外曾有种植记录显示，在前10年里攀缘绣球可以从2.4米长到9米高，第12年高达12米，在20年后将达到24米的高度。

攀缘绣球品种赏析

'魔法'（Take a Chance）

绿色的叶片上带有不规则的白色镶边和黄色斑点，有时会让人误以为感染了红蜘蛛，叶片边缘为锯齿状。

花色：白色
花形：平顶形
株高：4～9米

'米兰达'（Miranda）

叶片的颜色非常特别，美妙的金黄色边缘环绕着中心的翠绿色，花朵为白色。植株生长比较缓慢。

花色：白色
花形：平顶形
株高：4～9米

'斑驳库加'（Kuga Variegated）

花期中，花色将经历白色、奶油色、淡黄色到粉色的变化。叶片上的斑点和边缘会由奶油色变为淡黄色，中心为绿色。

花色：白色
花形：平顶形
株高：4～9米

'天际巨人'（Skyland Giant）

不同于其他攀缘绣球，这个品种具有很好的开花性。花朵直径可达30厘米，叶片为有光泽的深绿色。

花色：白色
花形：平顶形
株高：4～9米

绣球养护基本功

幼芽形成枝条，就有了故事。

枝条分化花芽，就有了魔法。

掌握与它们的相处模式，

就能遇见花儿最美好的时刻。

第 三 章
CHAPTER 3

　　"加入购物车"只需要一瞬间，种好花儿却需要十足的求知欲和爱心练就的基本功。

　　那些能把花儿养得特别茁壮旺盛的人，只不过遵循着生命的自然法则，给予花儿适宜的阳光、空气、土壤、水分、营养，以及爱与关照。最好的回报莫过于一片连绵的花团锦簇和一份喜悦安宁的心境。

　　"绿手指"不是一天养成的。当你用愉悦平和的心境对待每一次浇水、每一次换盆，用探索的好奇心对待每一株植物、每一次花开花落时，被爱的光环笼罩着的花儿，也会回报给你格外的美好。

　　在园艺这件事上，从来没有一无所获的付出。

四季循环的生命周期

绣球是冬季落叶的植物，在中国热带以北的大部分地区，一年里会经历发芽、生长、开花、落叶、休眠的循环周期。

冬季来临，绣球的叶片将逐渐变成明黄色或暗红色，直至干枯、脱落，进入休眠状态。只剩下饱满的顶芽和侧芽，枝条呈浅棕色，表面干枯，如果剪开一节会发现内芯仍然是健康的青绿色。

步入春天，在适宜的温度下，绣球从休眠状态开始复苏，顶芽和侧芽变得活跃，枝条伸长、叶片舒展。随着温度升高，有花芽的枝条顶端将显现出花蕾，随后逐渐展开成为花朵。

| 发芽 | 长叶 | 开花 | 落叶 |

不同品种的绣球具有不同的花期和生长节点，通过下面的生长月历，可以掌握不同品种绣球的生长变化与养护重点。你还可以将不同花期的绣球组合种植，让整个花期横跨春、夏、秋三季，并与其他地被、花境植物搭配，使花园色彩变化丰富、四季可赏，收获一份优雅从容的园艺生活。

表2 绣球生长周期

	1月	2月	3月	4月	5月	6月	7月	8月	9月	10月	11月	12月
木绣球	休眠期	旺盛生长期	花期						花芽分化期			休眠期
大花绣球、山绣球	休眠期		旺盛生长期		花期				部分品种新枝二次花期、老枝花芽分化期			
栎叶绣球	休眠期		旺盛生长期		花期				花芽分化期			
攀缘绣球	休眠期		旺盛生长期		花期				花芽分化期			
乔木绣球	休眠期		旺盛生长期		花芽分化期		花期					
圆锥绣球	休眠期		旺盛生长期		花芽分化期		花期					

善变的颜色，不变的钟情

季节是善变的，颜色是善变的，唯一不变的是对绣球的钟情。

从花朵初绽到凋零枯萎，在长达一两个月的绵长花期中，不同深浅的绿交替上演，各种色调的粉、蓝、紫接踵而至，绣球花多变的颜色是让人为之着迷的重要因素之一。

花朵初开时，由于花瓣（萼片）中包含少量的叶绿素，会呈现清新的绿色。随着气温上升、日照加强，叶绿素被逐渐分解，经过白色的过渡，根据土壤酸碱度和品种基因，生物合成的花青素和辅色素会由浅至深为大花绣球和山绣球的花瓣上色，显现出蓝色、粉色、紫色或红色。下图为大花绣球'银河'，在弱碱性土壤中，从4月20日至5月10日的显色过程。

　　对于大部分可调色的大花绣球和山绣球而言，在20~30天的显色过程中，土壤的酸碱度决定着花朵显现出的颜色，而日照和气温会影响颜色深浅的呈现速度。在缺乏日照或温度较低的环境中，花朵的颜色可能长时间停滞在半显色状态，无法完全显色。上图为大花绣球'铆钉'，在弱酸性土壤中，从5月5日至5月20日的显色过程。

　　根据不同品种的基因特点，有的绣球从花瓣边缘由外至内显色，有的则相反。还有一些具有彩色边缘或白色边缘的双色花品种，由于整体花色不稳定，在显色后需要遮阴，过多的日照会让花瓣的白色部分显色，彩色部分褪色，使整朵花呈现同一种颜色，失去原有的立体感，比如'纱织小姐''魔幻水彩画''辉夜姬'等。

当花期接近尾声，那些明艳的粉、迷人的蓝、奇妙的紫，将渐变成复古灰绿色调的"秋色"。"秋色"并非意味着只在秋天出现。它代表一种花朵逐渐老化、褪色后所呈现的独特韵味。如果温差明显，花朵还将显现出更浓郁的红铜色或钴蓝色。下图为6月中旬大花绣球'夏洛特公主''无尽夏'的"秋色"。

如果你想欣赏"秋色"，可以将完全显色后的绣球盆栽移至淋不到雨且有半天遮阴的通风位置，比如有顶棚的屋檐下，这样，逐渐干燥褪色的花瓣可以更持久完好地保留在枝头。

对于白色的乔木绣球与圆锥绣球而言，土壤的酸碱度不会影响花朵的颜色。乔木绣球的"秋色"为石灰绿。在秋季温差明显的地区，圆锥绣球会显现出浅粉色至酒红色的"秋色"变化。

颜色多变的绣球，整个花期都让人充满期待与惊喜。大自然和时间是最伟大的艺术家，给每一朵绣球谱写精彩的一生。

健康的植物，从根系养护开始

常有花友问我："为什么我的植物长不好？为什么我的绣球度不了夏？为什么我的盆土总是湿的？"看到他们发来的照片，除了日照条件和浇水管理有些许差别，都存在一个普遍性的问题——种植土壤黏重板结。

还有花友很诚恳地说："我种了五六年的花，总是过不了多久就死了，现在才知道土壤是需要调配的。"

坦白地说，刚开始种花造园时，我也不明白为什么要配土，就像配中药一样。花花草草不是原本就生长在天然泥土里吗？可事实并不是这样，我们购买的大多数植物（少数喜欢黏质土的品种除外），尤其是2年龄以内的中小苗，都是在调配的种植介质中生长而非自然界的天然泥土中生长的。

绣球枝繁叶茂且叶片宽大，水分的蒸腾量大，需要充足供水，而它们的根系是肉质须根，十分发达，不耐积水。当土壤处于疏松透气的良好状态时，你会发现植物朝气蓬勃，这得益于根的良好生长。而传统的园土、泥塘土及住宅的回填土，往往质

地沉重板结，会抑制根系的生长，尤其对于江浙、华南等多雨潮湿、夏季高温的地区，如果种植介质的透气排水性不够好，梅雨季节连降暴雨、高温酷暑浇水过多，绣球积水的概率将会远大于缺水的概率。叶片病了可以治，枝条剪了还会长，但如果根系腐烂，就无力回天了。

因此，对于绣球爱好者而言，照料好植株的根至关重要，种植介质的好坏直接决定栽培的成败。

调配好种植介质，不是为了标榜园艺技巧和对植物的"高级"宠爱，而是为了在最不利的气候条件下提高植物的存活率，减少日常园艺劳动量，达到事半功倍的效果。

如果你和我一样，正热情饱满、全年无休地维护着一个花园；如果你发现春、秋大获全胜的"绿手指"，始终化解不了盛夏的魔咒。我真诚地向你建议，重新审视一下种植介质。我们无法改变不利的气候条件，但可以改善植物根系的生存环境。植物们需要的不仅仅是漂亮的花盆与装饰，更需要一片疏松、透气的沃土。

上排从左到右依次为陶粒、赤玉土、泥炭土
下排从左到右依次为蛭石、稻壳炭、硅藻土

上排从左到右依次为轻石、绿沸石、桐生砂
下排从左到右依次为鹿沼土、火山石、麦饭石

　　以上种植介质的颜色或深或浅，质地或软或硬，有蛋糕般松软轻盈的泥炭土，有金属质感的蛭石、桐生砂，还有布满小气孔的硅藻土、火山石与轻石。调配好的种植介质，用双手便能感知到蓬松与温和带来的愉悦，你的绣球也一样。

基础介质

园土：通常指来自菜园、果园的表层土壤，具有一定的肥力，但透气性、排水性较差，尤其是黏质黄土，湿时黏重、干时板结，须同其他介质与颗粒混合使用。

腐叶土：由阔叶树的树叶在土壤中腐烂后形成，通常呈黑色，富含有机质，具有良好的团粒结构，疏松，不易板结，但可能含有虫卵与病菌。

椰糠：椰子外壳加工过程中粉碎脱落的纤维粉末。纯椰糠的保湿、透气性较差，须混合其他介质与颗粒使用。

泥炭土：由水生植物经过长期腐烂堆积而成，结构疏松，质地轻盈，无病菌和虫卵，是健康土壤最理想的替代品，可以作为种植介质的主要原料。但由于保湿性强，需要混合其他颗粒介质使用。

颗粒介质 通过混合添加，用于改良基础介质，增加其透气排水性或保湿、保肥力。

绿沸石：含多种微量元素，可快速吸附水中氨离子、亚硝酸，达到去除有毒物质的效果，预防烂根。

火山石：多孔质结构具有良好的透气性，并含有大量的硅、钾、钠、铁、镁等矿物元素。

蛭石：由黏土矿物煅烧膨胀而成，略带金属质感，吸水、保水力强，广泛用于扦插。

稻壳炭：稻壳经过不充分燃烧形成的木炭化物质，富含钾肥，具有很好的排水透气性，pH 值呈弱碱性，可用来调节土壤的酸碱度。

煤渣：燃烧过后的蜂窝煤，经过清洗、碾碎和筛选处理后形成。透气性和透水性良好，大颗粒的煤渣可以垫在盆底作为排水层，小颗粒的煤渣可替代河沙调配介质。

麦饭石：含有多种微量元素，能够改善和稳定土壤的物理机能，具有一定溶解性和生物活性，添加到多肉介质中有助于上色。

轻石：灰白色，多孔质、轻质的火山喷出岩，也称为浮石。结构、密度适中，透气性、排水能力较好。大颗粒的轻石常用于垫在花盆底部以利于排水，也称为钵底石。小颗粒的轻石可添加进种植介质起到疏松透气的作用。

鹿沼土：由轻石质的火山砂风化形成，出产于日本栃木县鹿沼市周边的火山区，具有很好的保湿性和透气性，是 pH 值偏酸性的颗粒介质。

赤玉土：棕黄色颗粒，由火山灰堆积而成，结构有利于保湿和透气，是日本运用最广泛的一种颗粒介质。

桐生砂：出产于日本群马县桐生市附近，含有大量的氧化铁，呈硬石砂状，多孔质，不易粉碎，但价位偏高。

陶粒：外表为一层坚硬的陶质外壳，内部是蜂巢状的多孔结构，用于垫在花盆底部做排水层，或铺面遮挡土表。

珍珠岩：珍珠岩矿粉经过加热膨胀而成，主要作用是透水、透气，但由于质地过于轻盈，会随着浇水逐渐浮到土表。

河沙：通透性良好，但不具团粒结构，保水、保肥性较差，可用于扦插繁殖。

硅藻土：由海洋硅藻类遗骸形成的沉积岩，发达的孔隙结构有非常好的透气、隔热作用，同时具备较强的吸附能力。硅藻土也被用于室内墙面材料，起到吸湿、除味、保温、隔热的作用。

发酵松鳞：吸水保湿性强，自身含有一定的营养元素。小规格的发酵松鳞可添加进种植介质以利于保湿，但高温多雨地区不可多用。大规格的松鳞常覆盖在土表用于遮挡保湿，但有研究表明，松鳞释放的物质会扰乱微生物的作用，对于月季这样敏感的植物容易导致植株发黄，短期内的美化效果大于实际保护作用。

调配合适的种植介质

如果你已经熟知各种介质颗粒的名称与特点，就可以将不同的基础介质与颗粒介质进行混合，调配出能满足各种植物所需的种植介质。想要提高介质的保湿性，可以适量添加蛭石、发酵松鳞；希望增强介质的透水性与透气性，可以添加硅藻土、轻石或火山石这类多孔颗粒介质。

在购物网站可以买到各种分装的颗粒，通常我们使用的规格为细纤维或中纤维的泥炭土，配合直径2~4毫米的蛭石、10~15毫米的钵底石，以及其他直径为3~6毫米的颗粒介质。

不同植物的根系对种植介质的偏好不同。绣球喜欢排水性较好、疏松并富含有机质的根系环境，可以根据绣球的株龄及所处地区的气候条件，调整种植介质的配方和比例。

以湿度高、夏季高温时期长的江浙与华南地区为例。

1年龄左右、只有1~2根枝条、根系较弱的绣球小苗，建议使用透气性和透水性较好的无菌种植介质。

参考配方：3份泥炭土，1份颗粒介质。其中颗粒介质包括1/2的透气颗粒（如硅藻土、火山石、轻石）和1/2的保湿颗粒（如蛭石、发酵松鳞）。

3年龄以上枝叶茂盛、根系发达的绣球成株，可适当增加腐叶土、椰糠和发酵松鳞的比例，增强保水性，增加有机质含量。

参考配方：2份泥炭土，1份腐叶土，1份颗粒介质。其中颗粒介质包括硅藻土、蛭石、火山石、发酵松鳞（火山石也可用轻石替代）。

除了自行调配种植介质，也可以购买市面出售的成品配方介质。由于针对的植物种类不同，成品介质的配料、排水性和透气性也各不相同，需要看清包装袋上的配料表以及是否添加了肥料。

根据生长周期，合理施肥

调配好合适的种植介质可以事半功倍，但不能就此掉以轻心。因为以泥炭土为主要配料的种植介质本身并不肥沃，无法满足绣球迅速生长与开花的营养需求，尤其是盆栽绣球这类植株，需要完全依赖园丁添加的有机肥和无机肥供给所需的营养元素。

氮、磷、钾是植物生长过程中消耗量最大的三种营养元素，也称为大量元素。氮有助于植物的叶片、枝条茂盛生长；磷可以促进植物开花、结果；钾有利于增强植株的抗逆性，促进枝条强健、根系发达。

此外，还有钙、镁、硫三种对植物也很重要的中量元素。钙能稳定植株的细胞结构，保证植物生理活动的平衡；镁能促进光合作用与叶绿素的合成；硫参与植物的生长代谢和蛋白质的合成。对绣球而言，还有一种非常重要的微量元素——铁。虽然它在植物体内的含量甚微，却是光合作用与合成叶绿素的必需品，缺铁会导致叶脉间失绿。

无机肥与有机肥的特点

无机肥

即化学合成的肥料，在产品包装袋上会以氮、磷、钾的顺序标注出所含营养元素的比例，以及添加的其他中量和微量元素。无机肥有固体肥和水溶肥两种。

固体肥为颗粒状，采用缓释或控释技术，使养分缓慢溶解释放，按说明书的剂量与种植介质混合，或沿盆环形埋入即可，肥效时间为4～12个月。

水溶肥分为粉末状和液体状两种，都需要按说明书的比例兑水稀释后，再浇灌或喷洒使用。水溶肥见效快，但肥效不持久，通常在生长期或花期每隔7～10天使用一次，所以也被称为"速效液体肥"。

有机肥

家庭园艺使用的有机肥可以概括为以动植或植物作为原料的肥料。每年向种植介质中添加一定量的有机肥，有机肥在分解的过程中，缓慢地释放出有益植物生长的营养，同时可以改良土壤结构，改善土壤的保肥和透气性。

来自动物的有机肥，包括粪便、鱼肠、骨粉等，通常磷含量较高，适合开花植物。来自植物的有机肥，包括豆饼肥、海藻肥、稻壳炭、草木灰等。

- 其中和豆类有关的肥料，比如豆粕油渣、豆饼肥，氮含量较高。过多使用，会造成绣球叶片肥大，夏季更容易晒伤。
- 稻壳炭、草木灰是钾含量较高的有机肥，pH值偏弱碱性，如果希望调出蓝色的绣球花则不宜使用。
- 发酵后的咖啡渣、松针偏弱酸性，并含有丰富的微量元素，适合需要调蓝的绣球使用。
- 出于对人体健康和土壤安全的角度考虑，动物粪便类的肥料最好选择经过高温灭菌、发酵等无害化处理的成品有机肥。

此外，还有近两年逐渐进入家庭园艺领域的腐殖酸、活力素、微生物菌肥等，搭配使用，可以辅助提高肥料的吸收率和利用率，以减少肥料的使用量，实现降低肥害、改善土壤，提高植株抗逆性的作用。

根据绣球的生长周期合理施肥

植物在不同的生长阶段所需的营养元素不同，因此才有了各种型号，不同氮、磷、钾比例的固体肥与水溶肥。施肥比例失调不利于植物的生长发育，例如给开花植物施用过量的氮肥，容易导致枝条和叶片生长过旺，不利于花蕾的孕育。要使绣球花开繁盛，根据一年的生长周期进行合理施肥非常重要。

春季施肥：春季，绣球的根系活动和芽点生长进入旺盛期，每隔7～10天浇灌一次肥料能快速发挥效果。氮、磷、钾比例相对均衡，磷、钾含量略高的水溶肥，有助于植株根系与叶片生长、枝条强健。

花期施肥：从花蕾开始显现便可以交替施用高磷、钾配方的水溶肥和磷酸二氢钾。每隔7～10天浇灌一次，促使绣球的花朵膨大、颜色鲜艳、花期持久。高温盛花期仍然需要薄肥勤施，提高兑水比例，使水溶肥比平时更稀薄。

花后礼肥：礼肥的含义是为了感谢花儿的付出，作为回馈的礼物，以补充植株开花所消耗的营养。在修剪完花朵后，可以浇灌一次高磷、钾配方的水溶肥，并根据肥效时间以埋入的方式补充缓释型固体肥。为了防止叶片褪绿，将螯合铁或硫酸亚铁以1∶1200～1∶1000的比例兑水浇灌或叶面喷雾一两次。

花芽分化期施肥：进入秋季花芽分化期，每隔7～10天浇灌一次高磷配方的水溶肥。在此期间需要注意避免使用氮含量偏高的肥料，过多的氮含量会影响花芽分化。江浙地区在霜降节气以后，可以停止施加水溶肥。

冬季施肥：在冬季休眠期，结合换盆或修根，在花盆内埋入缓释型固体肥和有机肥，增加土壤中有机质的含量，改善土壤结构，积累翌年开花所需的养分。对于江浙、两广等高温高湿的地区，以及通风不够好的阳台花园，冬季是最适合施加有机肥的季节。对于户外花园，冬季也是一年里唯一能埋入未发酵生肥的时机。

适宜的生长环境比施肥更重要

不少花友会遇到绣球生长缓慢、枝条不壮、花开不多等问题，进而猜想植株是不是缺乏营养，是不是施肥不足等。事实上，我们经常只顾着为小花园的空间被心仪的植物填满而感到欣喜，很少考虑到植物之间的生存空间竞争激烈，只有在阳光、空气、土壤、水分等条件适宜的情况下，施肥才能发挥锦上添花的作用，花儿们才能开出你想要的宣传照效果。如果不遵循这些自然法则，植物们就容易无精打采、缺乏活力。当绣球幼苗过于孱弱，或者因为不利的生存环境导致植株不够健康时，大量施肥还会成为负担。

当春、秋季缺乏日照时，绣球的枝条容易变得瘦长纤细，即"徒长"，并影响花芽分化，造成花量少、花型小。在生长期，大量施肥也无法替代阳光的作用。

当通风不足时，植株叶面的蒸腾速度变慢，不仅影响呼吸与代谢活动，在湿度较高的地区，拥挤的枝叶更容易受到病虫害的侵袭。

植物的根系不会说话，却非常聪明，可以感知周围土壤的环境，向着任何能够满足植物所需的空气、营养和水分的方向生长。相反，它们会远离过于潮湿、干燥或其他不利的土壤环境。

当土壤板结或积水时，透气性变差，土壤中的氧气不足会使根系的呼吸能力受阻，吸收水分与养分的能力变弱，造成植株生长缓慢。此时如果继续大量施肥，有些营养元素会转变成有害的离子，损坏植株敏感的根毛，反而不利于它们的生长。

植物和人一样"虚不受补"。在让绣球享用丰盛的养料前，请先给它们一个舒适、通风的生长环境。试着从植物的高度与视角来感受，你将体验到一个完全不同的生存环境。

浇水三年功，积累园艺经验值

　　像初阳一样苏醒过来，春天里的绣球，是一树的绿意盎然。闪烁着美妙光泽的宽大叶片，以及一天比一天膨大的花苞，都展现出对水分越来越多的渴求。

　　对于尚未充分掌握植物习性的园艺新手来说，都希望能拥有一个固定的浇水时间表，三天一次很好记，或者一周一次更省心。事实上，不同城市、不同季节，由于种植环境和通风条件的差异，就连种植的介质、用盆的大小都会影响植株对水分的消耗速度，一视同仁的浇水方式并不会让你的植物欣欣向荣。

　　虽然绣球是耗水量很大的植物，尤其在夏季高温、户外环境下，几乎每天都需要大量补水，但其根系为肉质须根，不耐积水。若土壤长期处于积水状态，根系就容易滋生霉菌而腐烂，反应在植株上的表现为叶片萎蔫或者芽点发黑、脱落，和缺水的表现很类似。

　　与缺水相比，浇水过多给绣球造成的危害更严重，甚至可以说，浇水过多是导致绣球死亡的第一杀手。因此，你所需要做的不再是执着于"多少天浇一次水"，而是尝试着去了解你的绣球是否需要浇水。

　　在不确定的情况下，可以用竹签插入种植介质3～4厘米的深度。拔出竹签时，如果竹签湿润或粘有泥炭土，说明盆土的含水量还比较充足；如果竹签干燥，就需要浇水了，并且要充分浇透。当然，热爱大自然的你也可以直接用手指戳进土壤，探测绣球的生存环境，这是与植物更亲密的交流。不久以后，不用探测，你也能感知到植物是否"口渴"了。

　　如果是小规格塑料花盆种植的绣球，还可以通过掂一掂花盆的重量来判断盆土的含水情况，略干燥的盆土明显比浇透水时轻了很多。

　　浇水的方式则无须顾虑，无论是用浇水壶围绕植株根部细水长流，还是用水管喷枪，绣球都来者不拒。只要种植介质完全湿润，有水从盆底持续流出，绣球就能心满意足。

　　冬季，当绣球的叶片脱落休眠后，对水分的消耗将变得十分缓慢。在多雨地区全户外种植的绣球，整个冬天浇水的次数屈指可数，甚至一整个冬天都不用浇水。盆栽绣球则可以通过种植介质的干燥程度来判断是否需要浇水。

　　如果盆栽绣球出现了枯萎，可能是缺水，也可能是过度积水造成的。首先检查种植介质的干湿度。

　　对于因缺水而枯萎的绣球，可以找一个比花盆更宽大的容器，注入水，水深低于花盆的高度，将整个花盆放入浸泡30～60分钟。泥炭土有一个缺点，干透后不容易完全湿润。采用浇灌与浸盆相结合的方式，让种植介质和植株根系吸饱水分，然后将花盆放置在阴凉的地方1～2小时，植株便可恢复生机。

　　如果是因为浇水过多导致植株萎蔫，则需要将植株取出，去掉根部多余的种植介质，并剔除腐烂发黑的根系，用报纸或吸水纸将根系包起来吸收多余的水分，待报纸或吸水纸湿透后，更换新的纸张反复进行吸水。最后使用新的介质重新种植，并将植株放置在通风、无阳光直晒的环境，一两周内让种植介质保持湿润，等待植株恢复。

　　由于绣球的叶片宽大，在春末和夏季阳光强烈时，应避免给绣球的叶片和花朵喷雾。在通风不足和拥挤的种植环境下，当叶片和花瓣上有水珠长时间停留时，容易造成叶片霉烂、花瓣凋零。当日照强烈时，水珠还可能通过放大镜原理，造成植株灼伤枯萎。

花盆的选择，重在干湿循环

关于花盆的规格选用，园艺界广泛流传着一个通用准则——"小苗小盆、大苗大盆"。事实上不同地区的气候差别巨大，植物的品种习性各异，我们只有在了解了基本原理后，才能从最适合自己与植物的角度，挑选花盆的规格与材质。

"小苗小盆"所依据的原理是：苗小，意味着根系弱小、枝叶稀少，对水分的吸收慢、蒸腾量少。使用小盆，装的土和浇的水都相对较少，这样盆内的干湿循环快，不会长期处于积水状态，营养物质在小范围内被吸收，更利于小苗的生长。

还有一种控根盆，其物理原理是在花盆底部和四周预留更多的孔洞，让植物的主根和侧根遇到空气后停止生长，从而实现断根，促进产生更多毛细根，用于吸收水分和营养，使植物更好地生长。但控根盆缺点是植物根系少时容易漏土，根系长满后又缺水太快，更适合园艺新手、通风不足的环境或绣球幼苗。

实际上选择花盆关键在于"干湿循环"，控制盆土内的含水量和干湿循环的时间。当然除了花盆的规格，还需要注意以下几个因素：花盆材质与种植介质的通透性、环境气候、通风程度，以及植物的株龄与习性。

例如，在夏季购入的半年龄小苗，可以先使用口径约16厘米的花盆种植，不建议直接地栽，良好的干湿循环更有利于小苗适应新的种植环境。植株高大的品种在生长状态良好的情况下，冬季休眠后可换入大一号的花盆（口径22～25厘米）。3年龄以上的绣球则可以使用口径30～36厘米的花盆栽种或直接地栽。

如果在通风好、全户外的种植环境，植株高大，新、老枝都开花的1年龄绣球也可以直接种植在口径25～30厘米的透气盆土中。翌年的春、夏，你将看到它们惊人的爆发力。

总体来说，绣球对花盆的材质要求不高，市面上任何材质的花盆都可以使用，更多需要考虑的是花盆的质地、颜色与整体花园风格的搭配。在花盆的形状上，不宜使用束口的盆器，当绣球的根系长满后，会给换盆带来很大困扰。

掌握绣球的开花方式

在国内绝大多数冬季绣球可自然休眠的地区，绣球具有三种不同的开花方式——仅老枝开花，新枝开花和新、老枝都开花。你可以忘记某株绣球的品种名称，但一定要记住它的开花方式。绝大多数绣球不开花的原因，都是在错误的时间进行了修剪。只有了解了绣球的开花方式，才能更好地理解不同时间节点的修剪方式。

仅老枝开花：只在前一年秋季已形成的老枝条上完成花芽分化，也意味着这种绣球一年只在夏季开一次花。即2020年5—6月所开的花，是在2019年9—11月已有的枝条上形成的花芽。如果在2019年9月至2020年开花前这段时间，进行了修剪、打顶，或者花芽受到冻伤和气温异常变化的影响，那么这根枝条在2020年的夏季将无法开花。因此，对于仅老枝开花的绣球，修剪的时间相对比较严格，只能在花后至9月以前的这段时间进行修剪。

这类绣球包括：木绣球、栎叶绣球、攀缘绣球，以及部分的大花绣球和山绣球。

新枝开花：只在当年开花前的一两个月完成花芽分化，在养护得当、肥水充足的前提下具有重复开花的能力。这类绣球的修剪时间非常灵活，可于花期接近尾声时、冬季落叶后甚至初春萌芽前的任何时间进行修剪。

这类绣球包括：乔木绣球、圆锥绣球。

新、老枝都开花：综合了上述两种开花方式，在前一年的老枝条和当年新生的枝条上都会分化花芽，开花效果更加丰盛、整体花期更延绵持久，并具有重复开花的能力。在江浙地区，老枝条将于5—6月率先开花，从根基处抽生的新枝开花时间略晚。经过了第一轮花期后，适当修剪过的老枝条可以继续孕育花蕾，在8—9月第二次开花。但由于盛夏高温，绣球密集的花朵需要消耗大量养分，第二轮花期的花瓣和花球直径将明显小于第一轮花期。下图为9月下旬'无尽夏'第二轮花期的花朵。单片花瓣的大小只有第一轮花朵的一半，甚至让人认不出这是曾经的'无尽夏'，而更像某些重瓣品种。

过去只有极少数的大花绣球和山绣球具有新、老枝都开花的特性。随着育种技术的发展，如今新、老枝都开花的品种越来越多。还有一部分被定义为仅老枝开花的绣球，在春季从根基处生长的新枝也可能开花，但开花性不稳定，比如'太阳神殿''花手鞠''万华镜''花宝'等都有这种现象。

　　此外，在少数冬季绣球不会自然休眠的热带地区，温度适宜的前提下，仅老枝开花的大花绣球也可以重复开花。随着物种的自然进化和园艺变种的出现，绣球也将有越来越多的新特征被认识和发现。

了解绣球的修剪方法

对植物进行修剪是为了塑造更合适的株型或者拥有更丰盛的花朵。因此，修剪之前，要了解植物的特点，否则就不明白为什么要在这个时期修剪这根枝条，要修剪到什么程度。修剪的目的不同，枝条的截剪方式也不相同，相比月季和铁线莲，绣球的修剪要简单得多。

对于新手和粗放型管理的园艺爱好者来说，只需掌握两个关键的修剪时间节点——花后修剪和休眠期冬剪，可以参考下列表格中不同类型绣球的修剪时间。

表3 不同类型的绣球修剪时间

	1—2月	3月	4月	5月	6月	7月	8月	9月	10月	11月	12月
仅老枝开花的木绣球	休眠期冬剪			花后修剪							
仅老枝开花的大花绣球、山绣球、栎叶绣球、攀缘绣球	休眠期冬剪				花后修剪						
新、老枝都开花的大花绣球、山绣球	休眠期冬剪				第一次花后修剪				第二次花后修剪		
新枝开花的乔木绣球	休眠期冬剪					花后修剪					
新枝开花的圆锥绣球	休眠期冬剪						花后修剪				

为什么必须进行花后修剪？

如果对开过花的枝条放任不管，这根枝条就不能再抽生新的花芽，导致第二年无法开花，因此绣球开过花以后必须进行修剪。

伴随绣球开花的进程，枝条上会逐渐生长出芽点，左图显示了5—6月芽点的不同生长状态。

花朵下的第一对大叶处，只有叶芽，没有花芽，如果只剪到这里，会导致第二年无花。

其实大自然已经给予充分的提示，这些饱满的芽点就是可以修剪的位置。

花后修剪有轻剪和中剪两种尺度。如果希望绣球植株变得更高大，可以采取轻剪，在花朵下方第一对强壮芽点处进行截剪。对于有徒长现象的绣球，或者希望植株保持矮小紧凑，可以采取中度修剪以控制株型。每根枝条只保留2~3节（整棵植株1/3~1/2高的位置），去除伸展过长的枝条，并整理株型，平衡树冠。修剪的尺度不在于枝条的长短，而是保留下来的枝节和芽点的数量。

对于植物而言，任何修剪都是对它们的损伤，如果病菌趁机侵入伤口，还可能造成枝条枯萎。因此，最好选择一个未来两三天内都是晴朗天气的时候进行修剪。剪口和饱满芽点齐平，剩余桩保留0.5~1厘米即可，避免留有过长的残桩。修剪时可以转动花盆，观察枝条的分布和植株的整体形态，最终形成你所需要的圆球形或树形植株。

当绣球落叶休眠后，只剩下枯黄的枝条和顶端暗红色的花芽，植株的营养已回流至根部，病虫害侵染较少，此时可以完全剪除不需要的枝条，包括细弱的木质化枝条和枯萎枝等，将植株的损伤降至最低，有助于春季的新芽和壮枝生长，同时可改善植株内部的通风和光照。

绣球需要打顶吗？

无论是一年生草本花卉还是灌木，都具有"顶端优势"的特性。在生长激素的作用下，枝条的顶芽生长将优于其他侧芽。顶芽存在时，会抑制侧芽的生长，去掉一个顶芽后，下面的两个侧芽将会作为新的顶芽开始生长，这种操作就叫"打顶"或者"摘心"。多次重复打顶可以增加枝条和花蕾的数量，使植株更茂密。

但这种辅助的修剪方式仅适用于生长快速、当季可重复开花的植物，比如三角梅、矮牵牛、玛格丽特菊等。生长季节的多次打顶，有利于增加分枝量和开花量，形成花朵密集的花球。

新枝开花的乔木绣球和圆锥绣球，在开花前两个月才开始分化花芽，具有重复开花的特性，春季萌芽后，可以进行一两次打顶修剪，促使其多发侧枝，以获得更丰盛的花量。需要注意的是，每一次打顶修剪都会将花期推迟40~60天。

对于大花绣球而言，温度在很大程度上影响花芽的分化。在我国大部分冬季绣球可自然休眠的地区，仅老枝开花的品种只在秋季分化一次花芽，一年只有一次开花机会，如果在春季进行打顶，意味着当年将不会再开花。大花绣球和山绣球的打顶只适用于当年无花的幼苗，并且须在8月底以前完成修剪。或者你考虑好了，当年不准备看花，那么可以在春季进行一两次打顶，每次只保留两三对芽点，并剪除细弱枝条，促使主杆上分生侧枝、根基处萌发新枝，第二年再开花。

有一个无法避免的事实：绣球3年龄以上的木质化老枝开花性将会变弱，花朵越来越小，需要予以剪除更新。因此在家庭园艺中，不建议损失一年的花期用来打顶促分枝。

如果你希望拥有更多的花球、更健壮的植株，需要做的是给予绣球充足的光照、通风的环境和适宜的土壤、水分、营养。它们会依循自身的生存规律，旺盛生长，对于健壮的枝条并不需要过多的修剪干预。

绣球的病虫害与防治

在家庭园艺的常见花卉中，绣球属于病虫害较少的植物，无须定期喷洒药物预防。可以结合日常浇水，留心观察植株的生长情况来判断绣球是否生病。绣球的叶片变色、萎蔫、出现斑点等都是植株异常的表现。有时候仅看局部很难准确判断究竟是什么原因所致，可以通过三个步骤进行筛查——检查盆土的湿度、检查叶片的背面、对照病虫害特征。

很多病虫害在早期发现时可以通过简单的物理方式去除，比如剪掉受害部位、用75%的酒精擦拭、手工去除、用大量水进行冲刷、悬挂诱虫粘黏板等。如果后期发展严重，不得已需要使用化学药物时，应注意风向和喷洒的方向，尽量防止药物的飞散。

预防病虫害最好的方法是让植株处于日照充足、通风良好的环境。健康适宜的生存环境能提高植株的抗病能力。病害虫更喜欢攻击那些羸弱的植物。

绣球叶片的病菌感染

绣球叶片感染的病害通常高发于潮湿多雨的季节和通风不足的环境。真菌孢子借助风、雨、昆虫进入花园，通过植物表皮的气孔、皮孔、伤口等侵染植物，使植株的叶片、芽点腐烂，出现斑点或霉层。这些虽然通常不会致命，但会削弱植株的长势，影响植株的外观。

灰霉病：主要发生在早春和冬季，低温、多雨、阳光少的天气容易导致灰霉病爆发，尤其是高温潮湿地区。病菌主要危害顶端的绣球花芽、叶芽和嫩枝，被感染的部位会出现水渍状的褐色斑纹，表面覆盖着稀疏的灰白色霉点，花芽的内部组织软化腐烂，导致无法正常开花。

白粉病：叶片表面出现零星的白色粉状斑块，后期会逐渐扩大，传播迅速。当叶片被白色的粉状霉层覆满后，将严重影响光合作用，阻碍植株生长，使叶片逐渐枯萎脱落。

炭疽病：多发生于高温、多雨的天气，是夏季的常见病害。炭疽病产生的斑点具有明显的辨识度，呈圆形或椭圆形，凹陷的中心有灰白色或浅褐色的同心圆环，边缘为深红色或紫褐色，严重时会造成叶片枯萎脱落。不过炭疽病只在高温暴晒、高湿淋雨的户外环境中滋生，多发于7—9月，10月天气转凉后，病情会自动停滞。

褐斑病：这是一种较为常见的真菌性病害，最初为直径1~3毫米的褐色小斑点，斑点的中心后期显现为灰色或棕色，叶片会褪色成为黄绿色，多发在梅雨季节和湿度高、通风不足的环境。

治疗方法

病菌的感染会让绣球的叶片产生褐点、霉斑、水痕，影响植株的美观，病情严重时会导致植株生长停滞，影响正常开花。

治疗方法相对容易。首先清除感染病菌的叶片，防止其传染其他植物。随后，改善植株的通风条件，避免植物之间过于拥挤。如果单株绣球的枝叶过于密集，可以对细弱的木质化枝条进行适当疏剪。

如果病情较轻，可以在无直接日晒后，用75%的酒精擦拭叶片。当病情严重或病发面积较大时，可以购买经过登记注册的杀菌药物，按说明书的比例兑水，对叶面和植株其他染病部位均匀喷雾。根据病情发展和天气情况，间隔5～7天再施用一次。

表4 治疗不同病菌的药效成分

病菌感染	药效成分
白粉病	醚菌酯
	晴菌唑
	乙嘧酚
炭疽病	苯醚甲环唑
	咪鲜胺
	唑醚·代森联
灰霉病	腐霉利
	啶酰菌胺
	嘧菌环胺
霜霉病	霜霉威盐酸盐
	吡唑醚菌酯
	啶氧菌酯
集合两种药物的特点，对白粉病、灰霉病、炭疽病都具有治疗作用	戊唑醇、肟菌酯
	氟吡菌酰胺、肟菌酯
	戊唑醇、咪鲜胺
	苯醚甲环唑、醚菌酯

绣球的根腐病

导致根腐的病原有好几种，常见的包括大豆疫霉根腐病、腐霉根腐病、蜜环菌根腐病等，这些真菌可能一直随植株存在于土壤中，只有当盆土长期积水时，才会大量繁殖并侵袭绣球的根部。

从植株表面上看，叶片会变黄至褐色，枝条逐渐枯萎，实际上根系部分已经发黑变软，导致植株吸收水分和养分的功能逐渐减弱，直至全株死亡。

若绣球已经感染根腐病，只能将整棵植株挖出，剪掉发黑腐烂的根系，只留下健康的白色根须，并对植株进行适当修剪，以应对根须减少所带来的影响。然后使用针对根部病害的杀菌药物，比如"哈茨木霉菌""噁霉灵"等，对盆土进行杀菌处理，再重新种植。

避免使用黏重板结、排水不良的土壤，掌握浇水频率，防止盆土积水，就能有效预防根腐病。

绣球的常见虫害

如果留心观察，我们可以在花园里发现各种认识和不认识的昆虫。在自然界，只有2%~3%的昆虫会对植物产生危害，其余绝大多数只是自然地飞行和爬行，维持着整个生态系统的平衡。在通风良好的环境里，植株健康的绣球很少招惹虫害。

在温暖的春季，绣球生长出鲜嫩多汁的叶片与新枝，可能会引来各种植食性昆虫、软体动物的造访。蚜虫、介壳虫和白粉虱是很容易观察到的害虫，还有偶尔现身咬伤花瓣和嫩叶的蜗牛、蛞蝓，这些害虫都可以手工捉除，或使用植物提取的生物肥皂杀虫剂。

蓟马是一种善于飞行的小型昆虫，主要在阴天，以及早晨和傍晚出没。被蓟马刺吸过的嫩叶会出现卷曲皱褶，边缘有明显缺刻的症状。白天使用杀虫剂并不会有很好的防治效果，可以利用蓟马趋蓝色的习性，悬挂蓝色粘黏板，诱杀成虫。

对绣球来说，危害较大的虫害要数红蜘蛛。红蜘蛛并不是蜘蛛，而是叶螨的别称。红蜘蛛个体非常微小，但繁殖快速，聚集在叶片背面，吸取植物的汁液。当叶绿素受到破坏后，叶片正面会呈现出黄色或白色的细小斑点，叶片背面可以看到暗红色的成虫。严重时会在叶片背面结网，直至全株叶片枯黄、脱落。炎热干燥的夏季是红蜘蛛的高发期。

在虫害初期，可以剪掉感染的叶片，并用强水流冲洗植株。当红蜘蛛感染面积较大时，需要使用叶螨专用杀虫药物。按药品说明书的比例兑水，对叶片的正面和背面均匀喷雾。病情严重时，需要将两种药物交替使用，隔3天喷一次，至少喷两三次，才能消火所有的虫卵、幼虫与成虫。

绣球的生理病害

　　生理病害是指植物受温度、光照、肥料、土壤环境或药物的不良影响而出现的受害症状，不会传染，比如在高温暴晒下，大花绣球的叶片、花苞、花瓣出现的灼伤和部分干枯。与病菌感染不同的是，叶片被灼伤的部分，边缘平滑，没有深浅不一的斑点。

　　褪绿也是绣球常见的生理病害。在偏碱性的土壤中，处于生长季节的绣球植株容易缺铁，导致叶脉间的部分叶肉褪绿变成黄色，这种情况也容易在花期结束后出现。使用螯合铁或硫酸亚铁按1∶1200～1∶1000的比例兑水浇灌或叶面喷雾，一两次后即可改善。

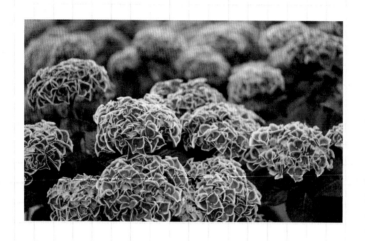

开始与绣球为伴

在微信和微博上，我经常会收到花友的询问："夏天能买绣球吗？""冬天是不是不适合种绣球？"

其实全年都可以购买和种植绣球，但根据绣球的生长周期，不同月份的选苗注意事项、养护重点和优、劣势各有不同。

12月至翌年2月 冬季休眠期

此刻到手的绣球多半是残叶枯枝。但此时绣球植株落叶休眠后，营养物质大都回流至根部储藏，这时进行长途运输、移栽种植对植株的影响最小。对于新手来说，冬季休眠期是购买和种植绣球最安全的时间，并且有充足的时间施入有机肥和调蓝剂，也能看到清晰的植株形态和已完成分化的花芽。需要注意的是，在绣球已休眠地区如果购买提前开花的盆栽，要避免环境和气候的巨大反差，因为这样可能会导致花朵凋零、植株萎蔫甚至死亡。

3—4月 春季显现花苞期

华东地区通常在进入雨水节气（2月下旬）以后开启气象意义上的春天。这时绣球的芽点开始萌动，3月中下旬开始显现花苞。这是一个非常高效的购花时机，只需再妥善养护一个多月，便能坐享绣球逐渐绽放的过程和盛开的喜悦。尤其是去本地的花园中心选购实物时，没有什么比满枝花苞更让人兴奋的了，也不必担心因为错误修剪导致无花可赏。调色工作也已由专业园丁代劳，当然这个阶段花苗的价格也是全年相对较高的。

5—6月 夏季盛花期

绣球已全面绽放，眼前一片繁花似锦，此时购买绣球盆栽比鲜花更划算。但在梅雨季节和即将到来的盛夏时节购入绣球是需要勇气的。尤其是网购，经过打包运输的花朵可能并不如你的期望，接下来的持续大雨和高温对你的配土及浇水基本功也是一场严峻的考验。因此，很多苗圃基地会在5—6月进行较大力度的绣球促销，大量清除绣球库存，以减少夏季养护的工作量和损耗。

7—8月 盛夏高温期

由于绣球对高温、高湿的环境有一定的耐受力，经验丰富的卖家只要在装箱前做好了保湿和固定工作，即便在盛夏高温时节，2～3天的快递运输也不会对植株造成实质性的伤害，只是到手以后的配土、浇水、养护需要更加细心，否则也会存在较高的死亡率。那么为何要冒险在这个时候购买小苗呢？因为每年4月是绣球大量扦插繁殖的时间，新生植株的根系状态在7—8月已经达到可出售的标准，适合追新求快的花友以相对低廉的价格购入新品小苗，还可以及时对小苗进行打顶、促发分枝。

9—11月 秋季花芽分化期

随着气温逐渐降低，不用再经受炎暑的"烤"验，绣球植株也从营养生长期逐渐转入生殖生长期，看起来是一个不错的种植时节。但此时购入绣球却存在一个巨大的不确定因素——修剪时间。就连购物网站客服、花店老板也不能确保每一株绣球都是在8月底以前完成修剪的。对于苗圃基地来说，每年10月是截取绣球枝条进行扦插繁殖的第二个时期。因此有可能在这个时间段买到第二年无法开花或者花量较少的绣球。

绣球的常见出售规格

不同规格的花盆适合种植不同株龄（即生长时间）的植株。株龄越久植株价格越高，也意味着拥有更丰盛的枝条与开花量。时间就是金钱，这句话在园艺界极其适用。

表5 常见的绣球出售规格

盆形规格（盆口径）	绣球株龄	主枝数量
黑色或红色小塑料盆（11cm）	约半年龄	1根，少数2根
1加仑（16cm）	1年龄	3～4根
2加仑（25cm）	2年龄	6～7根
5加仑（36cm）	4年龄	10根以上

国外培育的最新绣球品种由于上市时间短，通常只有小塑料盆的半年龄扦插苗，价格在60～80元。

对于园艺新手和追求短期内能有丰盛观赏效果的花友来说，1～2加仑规格的盆栽绣球是不错的选择，存活率高，而且木质化老枝的数量较少。根据不同上市时间，1加仑规格的盆栽绣球价格在40～80元，2加仑的价格在60～100元。

5加仑规格的绣球无论在公共绿化空间或是私家花园都足以成为吸睛的焦点，但由于生长维护周期长，可选的品种非常有限，以欧洲经典品种为主。购物网站上有少量新品5加仑母本出售，但价格高昂。近年来，由于'无尽夏'在城市绿化的大量应用和批量上市，5加仑规格的售价相对低廉，市面价200～300元。

不建议购买更大规格的绣球盆栽。因为随着株龄的增长木质化老枝相应增多，你可能要花几年的时间来逐渐更新那些老化细弱的枝条，且开花量也会有所减少。

绣球的购买途径

购物网站

随着网络购物的普及，购买本地没有的鲜活植物也变得简单快捷。不论是知名品牌的花卉供应商，还是大大小小的苗木生产基地，都可以将自家苗圃里的植物或者委托别家苗圃生产供应的植物放在网络平台上出售，而且品种丰富、更新速度快。发达的物流运输让植物可以安全地跨越千里，且毫发无损地送到我们手中。

但需要注意的是，鲜活植物不是标准化生产的商品，无法将所有植株的高度、枝条数量、花叶状态进行统一。即便是在同一个商家、以同样的价格购买到的植物品相也可能会有所差异，网站上的照片只能作为参考。

由国家工商行政管理总局印发实施的《网络购买商品七日无理由退货暂行办法》中明确指出，鲜活易腐商品不适用七日无理由退货规定，植物也不在"三包"范围内。因此在网络上购买植物是无售后保障的，应尽量选择口碑好的店铺，并参考买家的带图评论。

传统花市

在网购植物盛行以前，花市是我们最常光顾的地方，直到现在也有很多花友喜欢到花市闲逛观赏，实地选购。但花市的绣球盆栽品种较少、产品雷同，大多数店铺经营者只是苗木生产基地的二级或三级批发商，对植物的品种甚至养护并不精通，所以经常会有新手花友在花市受到商家的误导："只有开蓝色花的绣球才是'无尽夏'""绣球三天浇一次水"。眼见为实固然很好，但也需要练就火眼金睛，才能够对绣球的品种和状态进行判断。

花园中心

随着家庭园艺的普及和个人消费者对园艺购物体验的升级要求，花园中心这种一站式园艺产品采购平台在国内备受欢迎。花园中心提供了线上和线下相结合的购物模式，注重现场的环境营造和氛围体验，产品和服务也更有保障。

如何挑选优质的绣球花苗

无论是在传统花市还是花园中心，进行实地选购时，请注意以下要点。

- 检查植株的生长状况。选择枝条粗壮、叶片茂盛且无枯枝和徒长现象的植株。

- 检查整体株型。选择株型端正、枝条分布均衡的植株。

- 检查叶片的健康程度。叶片色泽莹润，生机勃勃，没有变黄或发软的迹象，叶片的背面没有被红蜘蛛侵染。

- 如果盆土表面和花盆底部有根系冒出，表示这株植物的根长满了整个花盆，株龄已超过当前所用的花盆规格，须及时换盆。

- 在花期购买绣球盆栽时，可以选择初绽或刚显色的绣球，这样整体花期会更持久。

- 绣球的根系状态是植株健康的关键。我们无法在选购时翻盆检查，但可以通过使用的种植介质进行判断。板结和黏重的介质会造成后期养护困难，尤其在高温、高湿时节容易造成积水烂根。如果使用的是泥炭土加少量颗粒介质，更有利于绣球在花园里继续成长和绽放。

网购绣球小苗的换盆与养护

网购绣球小苗的内包装通常会在湿润的盆土表面压实一圈报纸或皱纹草纸，再用保鲜膜或宽透明胶封口固定，以利于盆土保湿，使根系稳固不松散。即便在35～38℃的盛夏高温时节，经过一两天的快递运输，绣球小苗的枝叶依然可以保持新鲜水嫩，对高温环境的耐受力超乎你的想象。

网购的绣球无须缓苗，拆除外包装后，可以立即进行换盆定植。

以半年龄左右的绣球小苗为例，建议使用1加仑盆，这样盆内的干湿循环快，不会长期处于积水状态，营养物质在小范围内被吸收，更利于小苗的生长。

1. 在花盆的底孔处放置排水网垫，防止种植介质外漏和害虫入侵。

2. 再放入一层陶粒或大颗粒的轻石，以提高排水与透气性。

3. 在盆内填入 1/3 ~ 1/2 的种植介质。

6. 填入种植介质到盆内 2/3 的高度，环形撒入缓释肥。

4. 握住原盆盆口，将绣球小苗倒扣取出，或者从侧面剪开塑料盆。如果底部的根系密实地缠绕在一起，可以用手轻轻地将其梳理开，或者用剪刀稍做修剪。

5. 将绣球小苗放入花盆中间，并适当调整高度和位置，使根基处略低于花盆边缘。

7. 继续填入介质，使土面比花盆边缘低 2 ~ 3 厘米，并压实，固定绣球小苗。用平缓的流水反复浇两三次，直到种植介质吸饱水，有水从盆底持续流出。

如果小苗有枝条徒长现象，可以将枝条缩剪2~3节至饱满芽点处，作为打顶，促发分枝。如果绣球小苗的花苞或花朵状态良好，也可以继续保留欣赏。绣球小苗的生长取决于阳光、空气、土壤、水分、营养和时间，保留花苞和花朵对植株的长期生长并没有决定性的影响，家庭园艺也没有非此即彼的刻板规定，是否要打顶或掐花苞取决于株型和你自己的意愿。

需要注意的是，在绣球冬季可自然休眠的地区，当年9月以后至第二年开花前，仅老枝条开花的小苗不建议做任何修剪。

夏季，刚完成换盆与修剪的绣球小苗，需要置于半遮阴、通风良好的户外环境养护。秋、冬季，可以让绣球小苗接受更多日照，这是热驯化的开始，也有利于促进花芽分化、枝条强健。

绣球养成进阶技能

园艺，所展现的不只是花开花落。
植物不顾一切生长的勇气与毅力，
让我们的生活也感知到无限生机。
赶快去体验这些大自然的馈赠吧。

第四章
CHAPTER 4

解读花芽分化的秘密

起源于黄河流域的二十四节气，是古人通过观察太阳的周年运动，形成对物候现象、气候变化的描述，用于指导农事与社会生活，具有一定的区域适用范围。

如今我们遵循的是全球皆准的阳历十二月，但中国领土辽阔，南北纬度跨越约50度，东西跨5个时区，对于园艺爱好者来说，不同温度带地区的花期与管理方式不尽相同。

有过绣球种植经验的花友，一定对"仅老枝开花""新、老枝都开花""8月底前必须完成修剪"这些定律铭记于心。事实上，这些规则仅适用于冬季绣球可自然休眠的地区，在两广和其他热带地区却存在着天壤之别。同样在12月，北方花友正在担心过冬避寒的话题，而南方花友却在纠结要不要掐花苞。

绣球开花究竟需要哪些要素和条件？通过这篇，我们将了解绣球花芽分化的秘密。

夜间温度处于15～18℃时，是绣球花芽分化的临界点，大部分绣球开始由营养生长转变为生殖生长，即根、茎、叶不再生长，开始形成花芽。这个环境温度持续6～8周，花芽分化便完成。气温上升到22～25℃后，就可以显现花苞。

绣球开花是由温度决定的。只要环境温度适宜，绣球一年能多次开花。当然也能通过人为控制环境温度来改变花期。

了解了花芽分化的原理，就不难理解下面这些非常规的开花现象了。

在不会自然休眠的热带地区，大花绣球可以从当年10月至翌年5月持续开花，甚至并不遵循老枝只开一次花的规律，亦无须担心8月底以前必须修剪枝条的问题，因为只要温度适宜，肥水供应充足，花芽就会持续分化。

华北地区，秋末冬初经历了一段冷凉时期的绣球，放入有暖气的室内后也会开花。

华东地区，乍暖还寒的冬末和春初，市面上就会出现温室培育的绣球开花盆栽。

此外，2019年受全球温室效应影响，我国多地在秋冬出现了异常高温天气和气候剧烈波动，部分绣球的顶芽在秋冬再次分化成了花蕾或叶片，导致2020年5月无法再开花，这也是温度对绣球花芽分化最直接的影响。

与绣球玩一场色彩游戏

《万叶集》中写道："树木静无言，无奈紫阳花色变，迷乱在心间。"

绣球颜色的多变是让人为之着迷的因素之一。去年的粉红，可能是今年的湛蓝，或者明年的浅紫，甚至每一朵花都可以显现出粉、蓝、紫的混合色彩。

科学家们对绣球颜色变化的研究由来已久。早在1931年，美国巴特勒大学的生物学家雷克斯·福德·多布迈尔（Rexford F. Daubenmire）就提出了铝元素的含量会改变绣球花颜色的观点。1943年，美国康奈尔大学的Allen RC博士明确了土壤的酸碱度对这一现象的影响。

直到2011年，美国科学家亨利·施耐伯（Henry Schreiber）借助更先进的仪器，对不同颜色绣球花瓣中的铝含量进行了量化分析，发现每1克的粉色花瓣中含有10微克的铝，每1克的紫色花瓣中含有10～40微克的铝，每1克蓝色花瓣中的铝含量则大于40

微克，并证实了绣球花瓣的着色因素是"翠雀素 -3- 葡萄糖苷"（花青素的一种）。当这种花青素与铝离子、绿原酸结合，就会生成蓝色的复合物，让绣球花瓣呈现出蓝色。

开启绣球花颜色变换的关键是铝这把"金属钥匙"。当种植介质中的铝离子含量较高时，绣球花呈现蓝色；铝离子含量较低时，绣球花呈现粉色；介于两者之间时，绣球花的颜色则是紫色或者蓝、粉、紫的混合色。

只有在偏酸性的环境中，铝离子才会变为游离态，更容易与花瓣中的花青素结合，从而使花瓣显现出蓝色。因此，调节种植介质的酸碱度成了绣球花调色的必要辅助手段。

无尽梦幻的蓝色

要使绣球成为蓝色，一方面要增加种植介质中铝离子的含量，另一方面要降低种植介质的酸碱度，使 pH 值处于5.0～5.5，呈弱酸性。

增加铝离子含量最简单有效的方式，是在种植介质中加入绣球调蓝剂或工业硫酸铝。目前市售的调蓝剂大多采用包膜缓释技术，埋入种植介质后可持续2～3个月缓慢释放，使用方便安全。工业硫酸铝的优点是价格低廉，但缺点也很明显：释放速度快，需要少

量多次使用，如果使用过量可能导致绣球叶片发黑。

想要降低种植介质的酸碱度，就需要花些时间和心思了，下面介绍几种有助于将种植介质调节至弱酸性的方法。

- 冬季休眠后，埋入松针或已腐熟的咖啡渣、水果和蔬菜堆肥作为有机肥。
- 使用白醋、柠檬汁或硫酸亚铁按1:1000的比例兑水浇灌，每月1~2次。
- 在介质中混合偏酸性的鹿沼土，或埋入少量医用硫黄粉。
- 在介质中埋入生锈的钉子、旧锡片或铜片。

得来全不费工夫的粉色

与调蓝相反，想要开出粉色的绣球花，只需要提高种植介质的酸碱度即可，比如在种植介质中添加园艺专用的有机石灰或稻壳炭。或者使用含磷量高的骨粉和缓释肥，通过减少种植介质中游离态铝离子的含量，使绣球开出粉色花朵。

由于市售的泥炭土 pH 值通常呈中性且不含铝，因此，在不做任何调酸加铝的情况下，大多数绣球都会自然呈现出粉色。

可遇不可求的紫色

相对来说，想要获得紫色的绣球是可遇不可求的。只有在种植介质的酸碱度处于中性或铝元素含量较低时，绣球植株吸收不到足够的铝元素，才会开出紫色或蓝、粉、紫混色的花。

绣球花调色的操作与注意事项

绣球植株从利用铝元素到出现花色变化需要一定的时间积累，如果想要开出蓝色的绣球花，至少要在出现花蕾前6周进行调色。

由于绣球调蓝剂采用缓释技术，持续释放的时间长，可以在2月冬季换盆养护期间，埋入种植介质，而工业硫酸铝的释放速度快，适合在2—3月春季萌芽期间少量多次施用。

种植介质的酸碱度则需要更长的时间来调整，逐渐变化，可以在晚秋、冬季和春季持续进行。

调色是大花绣球与山绣球独有的特点，乔木绣球、圆锥绣球、栎叶绣球和攀缘绣球均不能调色。但并非所有大花绣球都可以调色，比如纯白色和大红色的品种就不能调色，部分花色浓郁的品种不易调蓝。此外，并非所有的大花绣球都适合调蓝，有些品种的大花绣球花形、花色与所表达的气质，更适合粉色或保持其自然的颜色，比如'夏洛特公主''纱织小姐''太阳神殿'等。

需要注意的是，不可为了追求蓝色的花朵而过量使用化学制剂。当种植介质的 pH 值低于4.8时，会导致绣球植株损伤，抑制生长。当 pH 值过于偏碱性时，绣球植株容易出现铁缺乏症，使叶片褪绿变黄。硫酸亚铁、硫酸铝的使用频率一个月内不宜超过2次，浓度需保持在1∶1500～1∶1000。缓释型绣球调蓝剂也需要按包装袋上注明的用量使用。

在使用化学制剂调酸时，最好在前一天给绣球浇水，确保植株的根部水分充足，并在阴天或凉爽的天气使用，避免高温炎热引起植株根部干燥和灼烧。

由于不同地区水质和不同种植介质、种植容器本身的酸碱度不同，调色的效果会存在差异。在日本，很多户外环境中自然生长的绣球花无须刻意调蓝，就能呈现出蓝色，这是因为当地的火山岩和火山灰经过了漫长的土壤化过程，形成了偏酸性的土质。

此外，种植介质内的元素不是一成不变的，在整个生长和开花过程中，它们的消长也带动着绣球花颜色的变动，第一轮花期开出的是蓝色，也许第二轮花期就变成了混色。即便使用同样的方式调色，不同的盆栽也可能显现出不一样的开花效果。

生物和化学反应的复杂性，让绣球花的色彩充满了不确定性和丰富的可能性。其实园艺的乐趣就是如此，在定与不定之间，在万物此消彼长的流转中，观察、感受那些细腻的变化，整个过程比开花这件事本身更生动、有趣。

如果你想驯服那些枝条

我们都期待绣球托举起华丽的花朵，献礼仲夏的花园，尤其是1～3加仑的小规格绣球，挺拔直立的株型更能展现绣球的丰盛与唯美。在阳台、露台等空间有限的小花园，盆栽绣球通常会作为视觉的焦点，因此，单棵植株的形态也更为重要。如果绣球的枝条过于瘦弱纤细，将难以支撑花球的重量而垂向地面，这种现象就是"倒伏"。

绣球的枝条生长迅速。我在自己的小花园里做过一个观察记录，经过花后修剪，在秋季的营养生长期间，每个腋芽可以形成三四节枝条。经过冬季休眠，春季在枝条顶部的花芽也将伸长三四节后在中心孕育花苞，从根基处生长的新枝更长、间节更多。

如果初绽的绣球花就出现"垂头丧气"的问题，主要源于两个因素：一是枝条太长，二是枝条太细。想让瘦弱的枝条变得粗壮，以支撑花球的重量，实际上是一个全年的系统性管理问题。

首先在于充足的日照。如果长期处于日照不足3小时的荫蔽环境，绣球会产生徒长现象，新生的枝条瘦弱，叶片大而薄，枝条的间节长，造成大量养分被消耗，开花量也会减少。尤其在绣球枝条快速生长的春季和秋季，充足的日照甚至全日照，有助于绣球的新生枝条生长粗壮。

此外，如果施肥不当，氮肥使用过量，不注意搭配磷肥和钾肥，也会引起枝条徒长，对于开花灌木不建议使用单一的氮肥及氮肥比例偏高的速效水溶肥。

想培养短而粗壮的绣球枝条，还需要结合适当的修剪。尤其是株型高大的绣球品种，例如'佳澄''灵感''无尽夏'等，可以在花后修剪的同时控制株高。在冬季落叶休眠后，齐根剪掉那些细软的木质化老枝和没有花芽的枝条，将营养集中供给粗枝和新芽。

此外，市面上也存在很多长期生长在大棚内、日照不足的绣球，半年至1年龄的小苗就出现枝条细弱徒长，这种情况需要一至两年的时间，将其置于阳光充足的环境并结合修剪，等待根部生发新枝，逐渐调整株型。

不过，也有一些品种的绣球天生枝条细软，例如'万华镜'，连接花球和枝条的

花柄部分格外纤细、松散；再如'无尽夏''银河'等品种，尽管拥有充足的日照和到位的修剪，在刚开花时，尚且能保持枝条挺拔，但遇到初夏的一场瓢泼大雨后，会因为吸饱水的花球重量而出现倒伏。这种情况无可避免，如果是5加仑以上花开满枝头的绣球盆栽，可以利用铁艺花架或砖块抬高花盆，让枝条高高低低地自然垂落，也不失为一种富有层次感与飘逸感的美。

对于倒伏的枝条，也有办法帮助它们直起腰杆，例如将蝴蝶兰支撑杆或竹签插入盆土内，用花夹固定住枝条。也可将枝条之间相互牵制固定以达到直立的效果。固定的工具多种多样，可以使用麻绳、塑包软铁丝、自锁式尼龙扎带等。还可以使用塑料或铁艺的环形植物架，实现整体挺拔的株型。

右图是我在杭州首届进口绣球展上做的一个入口造景，利用倒伏下垂的'无尽夏'，将蓝紫色的绣球花与棕黄色的石块搭配，产生鲜明的对比，营造令人瞩目的华丽感。

复制绣球的美丽基因

　　截取一段枝条，在适宜的条件和人工辅助下，遗传信息能构建美丽的生命序曲，再生能力将重建植物的缺失部分，30～40天便能形成一株独立完整的新生命，不可思议地延续着母本同样的美丽。

　　对于园艺爱好者而言，扦插与其说是一项园艺技能，不如说是一种经历、一种体验、一种探索。只有亲手尝试过，才会感受到植物神奇的再生魔力，每一根枝条、每一株幼苗都具有难以想象的坚韧生命力。

　　有言道"有心栽花花不开，无心插柳柳成荫"。不同种类的植物扦插难易度不同，这取决于枝条切口处形成根原体组织的能力。本身含有大量根原体的植物，更容易扦插成活，比如柳树、无花果、绣球等。由于操作简单，并且能够完全保留母本的品种特征，扦插也是绣球最常用的繁殖方式。

扦插的时间

扦插时间是影响成活率的重要因素。在不同季节、不同月份扦插，生根所需的时间和难易程度不同。最适宜扦插的时间是春、秋两季，平均气温20～25℃，既利于生根，又可以避免因高温导致缺水或滋生霉菌。因此，在江浙一带，每年4月和10月是绣球苗圃进行大量扦插繁殖的时期，尤其是春季扦插的幼苗，经过秋季的花芽分化，翌年春季便可开花。

对于家庭园艺爱好者而言，赏花的需求优先于繁殖的需求，因此通常我们会结合花后修剪，将多余的枝条用于扦插。

冬季也可以进行扦插或分株繁殖，只是生根所需的时间比春、秋季更长。此时可以为绣球植株加盖小暖房或套上塑料袋，营造局部温度和湿度偏高的环境，以利于生根。

扦插的介质与容器

绣球扦插的介质可以单独使用一种保湿的颗粒介质，也可以混合使用几种不同的颗粒介质。不同配比的扦插介质有各自的优、缺点。需要注意的是，尽量使用消毒无菌或全新的介质来扦插，以防病菌繁殖引起插条黑腐。下面介绍几种绣球扦插的常用介质。

● 单独使用纯蛭石、纯河沙的成本低，生根率高，但肥力较差，生根后需要尽快移栽。

● 蛭石与赤玉土按1∶1混合，成本略高，保湿和生根效果较好，也能提供一定的营养。

● 2份细纤维泥炭土与1份珍珠岩、蛭石混合，或购买育苗专用介质进行扦插，生根略慢，但利于成活后的幼苗生长。

● 直接使用绣球成株的种植介质，可以提供稳定的生长环境，但在高温、高湿地区，容易引起插条黑腐。

扦插使用的容器不宜太大，可以选用直径8～10厘米的小塑料盆或塑料杯（底部需开透水孔），便于保持湿润状态，又不至于积水。

插条的选择与处理

花后修剪的绣球枝条有粗有细，插条内储藏的养分对生根率和成活率具有直接影响，可以选用直径大于5毫米、绿色外皮上带有黑色斑点的半木质化枝条，并确保未感

染任何病虫害。

　　枝条的节点处，是新芽将要生长的地方，可以将带有一对叶片的一节枝条作为一个插条。如果资源充足，也可以留得更长，保留2~4节枝条作为一个插条。

　　插条下端的切口可以平剪，使根系生长时分布均匀，也可以斜剪，更利于吸取养分，但切面必须平滑，损伤面积太大或不平整，容易引起细菌感染和黑腐（有条件的可以用稀释成淡粉色的高锰酸钾溶液浸泡灭菌，但并非必需的步骤）。

　　插条上只需保留一两对叶片，再将叶片横向剪掉一半。这样操作的原因是，绣球的叶片面积大、蒸腾作用强，如果水分补充不及时，容易导致插条缺水萎蔫，降低生根率。只保留一部分叶片，可以继续为植株进行光合作用，满足插条的生长所需。

　　可以用铅笔或细棍在介质中间戳一个洞，放入插条，并压实、浇透水，使插条与介质紧密结合。

　　缺水萎蔫和病菌感染是插条生根前面临的两个难题，尤其是在盛夏和初秋，需将其置于相对阴凉、通风、避雨的环境，提高扦插的成功率。扦插期间需要多次浇水，保持介质湿润，但忌积水，可以向叶面喷雾以保持湿度。

　　在环境适宜的前提下，绣球插条通常会先长出芽点，然后生根，也有少数会先生根再长芽。扦插后30~40天就可以用绣球成株的种植介质进行移植了，让它们在比原来稍大些的盆器里继续成长。如果使用的是含有泥炭土的扦插介质，也可以待新根从盆器底孔长出后再移植，成活率更高。

从容地迈过盛夏的门槛

江南的盛夏，被热浪炙烤的小花园里，曾经的鲜活与荼蘼都显得倦怠、焦渴，只能通过颓然的叶片传递心中的叹息。

我曾在流火般的8月走访虹越花卉和海宁的几个苗木基地，那里所有的绣球都是户外种植，四季不搭棚、不遮阳，采用喷灌系统自动浇水。事实上，这也是国外各大绣球园艺公司通用的种植方式，一直被诟病不耐晒的'无尽夏'，同样在户外全日照环境中茁壮成长。

经营着一个绿化苗木基地的朋友说："从小就进行全日照锻炼的绣球特别壮实，上了工地也不容易倒伏和萎蔫。"在她的基地里，所有花卉苗木不论严寒酷暑、小苗成株都养在纯露天环境，当然也包括绣球。

在我自己的小花园里，绣球是占据空间最多的主角，除了耐晒性较弱的'万华镜'，

其他绣球都种植在全露天的位置，盛夏烈日暴晒的局部温度超过45℃，即便是这样的极端环境，也完全不影响绣球的生存。

列举这些案例和我自己的亲身体会，是想告诉大家，绣球绝非惧怕高温和暴晒的物种，只是强光下叶片和花朵出现的萎蔫状态，会让很多不明所以的花友忧心忡忡。

当气温超过30℃，上午10点以后，在户外全日照环境种植的绣球，以及长期生长在大棚，突然改变了生存环境直接接受日照的绣球，都会出现这种暂时现象。在盆土不缺水的情况下，完全日落以后就可以自然恢复。

因此，夏季给绣球浇水的最佳时间是傍晚无直接日晒以后，这时才能通过叶片和花朵的准确状态，判断植株是否真的缺水。

当气温超过35℃，高温和强日照会灼伤绣球的部分叶片与花瓣产生晒斑，因此，在条件允许的情况下，当绣球开花并完全显色后，应悬挂遮阳网，或者将盆栽绣球搬到无阳光直射的位置，以延长花期，保持观赏效果。

对于当年购买的绣球小苗和开花成株，在不确定之前生长环境的情况下，6—8月的高温时期，同样建议半遮阴养护。

但并非所有的绣球都会在高温日晒下产生灼伤。花瓣质地较硬、叶片颜色偏深的品种相对更耐晒，比如大花绣球的'爆米花''流光漫卷''太阳神殿'等，以及傲然于烈日的圆锥绣球。

其实，盛夏对绣球危害最大的不是阳光灼伤，不是炭疽病，也不是红蜘蛛，而是猝不及防的枝条干枯和黑杆。轻微的会造成来年花量减少，严重的可能导致整株绣球死亡。有的资料称之为绣球的枯枝病，和月季枯枝病的症状很相似，多发于高温、高湿的夏季。

我们通常会将叶片、枝条出现的病害归结于某种真菌或细菌，其实借助流动的风和雨，我们的花园里时时刻刻都存在着各种病菌，但并非每株植物都会染病，这就跟流感高发期，有人易感而有人免疫是一样的道理，可以审视一下你的绣球在盛夏是否存在以下问题。

● 高温时期对绣球进行过度修剪，或者失去大量枝叶后继续暴晒，会使整体植株变得衰弱。

● 粗枝修剪后的伤口面积大不容易愈合，高温淋雨后，病菌容易从伤口处入侵。

● 一两周内经历过严重积水或缺水，干湿循环失常容易引发外部症状。

● 长期处于高温、不通风的环境。

绣球的枯枝、黑杆是一个长期积累的过程，由多种因素联合导致，长势衰弱或管理不当的绣球植株更容易染病。防治的重点在于对绣球生长状态的定期观察，以及整个夏季的养护方式。

在发病初期可以根据实际情况改善植株所处的小环境，比如适当遮阴、加强通风等，剪掉发黑的枝条，喷施芸薹素（0.01%的含量按10000倍稀释），促使未感染的部分重新萌发新芽。

需要注意区分绣球的枯枝、黑杆与正常的木质化。最好的判断方法是观察叶片和芽点。受害枝条的叶片通常会从顶部向下出现干枯脱落，芽点也逐渐发黑，而正常木质化的枝条上芽点和叶片都是健康挺拔的（如下图）。

花后修剪，尺度掌握在你手中

　　虽然绣球的修剪被新手花友们认为神秘又容易混淆，且绣球无法正常开花的主要原因也和不恰当的修剪有关，然而实际上，只要掌握了不同种类绣球的花后修剪时间和方法，它们的修剪其实非常简单。

新枝开花的绣球

　　新枝开花的乔木绣球和圆锥绣球是最容易修剪的绣球品种。除了开花前两个月的花芽分化期以外，可以在夏季开花后至翌年春季萌芽前的任何时间进行修剪。

　　对于具有迷人秋色的圆锥绣球来说，不同的花后修剪时间会带来不一样的观赏效果。以江浙地区为例，圆锥绣球的第一次花期在6—7月，当花朵开始老化时，仍然处于高温阶段，难以出现秋色或仅显现出浅粉色。如果当花瓣由绿色刚转为白色时，立即进行花后修剪，只保留枝条最下方的两三对大叶，继续保持全日照与施肥，可以促使植株再次进行花芽分化，于两个月后迎来第二轮花期，并在深秋获得更明显的秋色。

当然，如果希望花朵保留在枝头装点盛夏的花园，可以不必急于进行花后修剪。

乔木绣球也具有二次开花的特性，但二次开花量较小、观赏价值较低，通常只作一次开花培育。如果你喜欢用轻盈巨大的花朵做瓶插花，可以在花色全白时剪下；如果想做干花长久保存，可以在花色显现出复古灰绿色、花瓣变得相对干燥后再修剪。修剪的尺度可以根据瓶插的需要决定，但至少要保留一两对叶片进行蒸腾与光合作用。下图分别为杭州6月初和7月末乔木绣球'安娜贝拉'的颜色。

仅老枝开花的绣球

在国内大部分冬季自然休眠的地区，荚蒾属木绣球、栎叶绣球、攀缘绣球以及大部分老枝开花的大花绣球和山绣球，将于每年9—10月在现有枝条的顶端分化花芽，翌年只开一次花。从当年的花芽分化期到第二年开花前，都不能对有花芽的枝条进行任何截剪，能进行修剪的时间段相对严格。

很多花友都听说过"8月底以后不能修剪"这条定律，这是因为绣球在花芽分化前，枝条需要足够的营养生长时间。

对于大花绣球和山绣球而言，虽然从开花后到8月底都可以修剪，但由于全国各地的环境气候不同，从南到北的植物生长周期存在时间差异，修剪的尺度也会影响花芽的形成，如果等到8月底再进行大幅度修剪，可能存在不开花的风险。

● 及时进行花后修剪，将有利于植株的恢复，充足的营养生长能确保翌年的花量更多、花朵更大。

● 如果种植空间有限，需要控制株型，或者明显徒长需要大幅度截剪枝条时，应将修剪的时间适当提前，每根枝条只保留2～3节。盛夏的绣球植株需要利用叶片的蒸腾作用，降低温度，抵抗酷暑，如果失去过多的枝叶，会使植株的长势变得衰弱，甚至死亡。

● 如果花园空间足以拥有高大的植株，可以让绣球花朵在枝头停留更久，欣赏秋色。可以在8月底以前，在花下的第一对饱满芽点的上方轻剪。

因此，修剪的时间并没有唯一的标准。下表以杭州为例，结合不同修剪时间的气候特征与优缺点进行说明。

表6　不同修剪时间的优缺点对比

修剪时间	气候特征与绣球状态	优点	缺点
6月初	·日间平均气温25～30℃，开始进入雨季 ·绣球已完全显色，绽放状态达到峰值	·在盛夏到来以前可以大幅度截剪枝条、调整株型，每根枝条只保留2～3节 ·修剪后可减少浇水与维护工作 ·有利于植株恢复，少数品种可促进新枝条的二次花期	第一次花期的绣球无法欣赏渐变秋色
7月	·日间平均气温30～35℃ ·绣球出现秋色并逐渐干燥	可以欣赏绣球秋色的渐变过程，易于自然风干制作干花	·需保留更多叶片进行蒸腾作用，抵抗酷暑，不宜进行大幅度修剪 ·粗枝修剪后的大面积伤口需避免长时间淋雨
8月	·日间平均气温35～38℃ ·绣球生长停滞	少数品种可继续欣赏秋色，例如"魔幻"系列	仅老枝开花的品种只能轻剪，过度修剪可能导致第二年无法开花

以左图这株'魔幻水彩画'为例。株高约40厘米，有3根老枝条已开花，2根无花新枝条有轻微的徒长现象，在花下第三节处能够看到饱满的芽点，可以修剪到这对芽点上方0.5～1厘米的位置，其他枝条都参照这个位置修剪，以形成平衡的球状株型。

对于去掉了1/2～2/3枝叶的绣球盆栽，盛夏可放在半遮阴的位置养护，入秋后这些饱满的芽点将迅速生长，成为第二年的开花枝条。

荚蒾属的木绣球、粉团荚蒾花期较早，于每年4—5月开花，花期一个月左右。当花瓣开始凋零时，对于较短的枝条只剪残花，对于细弱纤长的枝条回剪2～3节，从而调整株型和冠幅。如果有足够的种植空间，可以尽量保留更多的枝条，以获得更丰盛的株型。

攀缘绣球需要一定的株龄和高度才能开花。3年龄以内的植株花后只需要进行轻剪。对于生长茂密的成熟植株，可以在花后对侧枝进行缩减，以利于通风和透光。

栎叶绣球的植株高大，如果种植空间充足，可以在花后轻剪1～2节，达到美化株型的目的。

新、老枝都开花的绣球

一部分具备新、老枝都开花特性的大花绣球与山绣球，在江浙地区，前一年的老枝条将于5—6月率先开花，当年从根基处新生的枝条开花时间略晚。经过了第一轮花后修剪的枝条，还可以继续孕育花蕾，于夏末秋初第二次开花。对于这一类绣球，如果希望在夏末秋初拥有第二次花期，那么第一次花后修剪的时间需要适当提前。修剪到花下第一对饱满芽点的上方，以利于枝条继续孕育花蕾。

对于二次开花的枝条，可以在花后立即修剪，以确保每根枝条在明年整齐地开花；也可以任由花朵保留在枝头，虽然错过了当年秋季的分化花芽，但将欣赏到最浓郁的秋色。二次开花的枝条到第二年春天相当于新枝，开花时间略晚。

修剪的乐趣就在于此。你对枝条进行的每一次截剪都包含着可预见的结果，以及大自然未可知的变化，并没有唯一的标准，适合自己的就是最好的。

有兴趣的花友还可以通过修剪制作"绣球棒棒糖"。选用的品种以新、老枝都开花的大花绣球，新枝开花的圆锥绣球或分枝性良好的欧洲木绣球为宜。选取位于中间位置一根粗壮的主枝进行培养，齐根剪除其他分枝，主枝通过多次打顶促分枝后即可形成"棒棒糖"的造型。

一年之计在于冬，在寒冬与新生重逢

　　小花园曾经的生机盎然沦为残枝败叶，最后的彩叶枯萎，松软的泥炭土被冻成僵硬的冰疙瘩。这个季节难道不应该待在温暖的室内，找一把舒服的椅子，喝杯咖啡读本书吗？

　　可作为一个全年无休的园艺爱好者，我们还有很多工作，还有很多需要操心的事情。当日均气温降到7℃以下，并持续一周以上的时间时，你会观察到绣球的叶片由绿变红、变黄直至脱落的过程，最后只剩下变成暗红色的顶芽，宣告进入休眠。

　　不同品种的绣球有落叶早晚的时间差，花园里的不同位置也存在小环境的温差，比如位置较低、有遮挡、相对避风的环境更温暖。尚未完全休眠的时间里，绣球叶片会持续脱落。在冬季多雨潮湿的地区及不够通风的环境，盆栽绣球应及时清理落叶，避免积水和滋生霉菌。

　　在江浙地区，1月中旬至2月上旬的大寒节气，是一年中最冷的时节，绣球的叶片将尽数脱落。当绣球完全休眠以后，是进行换盆、移栽、修根、冬剪、冬肥等冬季养护工作的最佳时机，其他地区则应根据当地的寒冷程度和最低气温来决定。

改善绣球的根系环境——换盆、移栽与修根

当植株完全休眠以后，新陈代谢缓慢，新根停止萌发，此时最适宜进行换盆和移栽，并对老根、病根、过长过满的根系进行修剪和剔除，将损伤降到最低。

为什么要换盆？

绣球的根系发达，生长迅速，若花盆内长满了根系，会阻碍空气的流通，影响水分和营养的吸收，使植株的生长受到限制，高温或浇水过多的情况下更容易出现烂根。当你发现盆栽绣球出现以下迹象时，就表明根系已经长满，可将其换入更大的花盆，或者修剪根系后重新种植。

● 有根系从盆底的排水孔钻出来。

● 有根系拱出盆土表面（浇水冲开土表的除外）。

● 将植株从盆内取出后，整个根部土球都被密集的须根紧密包裹。

什么情况需要修根？

下面列出三种需要修根的情况。

● 种植空间有限，无法将根系长满的绣球换入更大的花盆。

● 追求精致小盆内开出爆花的效果。

● 夏季高温积水，产生大量枯萎、死亡的褐色根系。

正确的修根，不仅会刺激根系萌生大量新根，还会让整个植株焕发青春与活力。但修根仅针对强壮的大苗，小苗、弱苗不宜进行修根。

在修根操作上需要注意以下几点。

● 冬季最低气温不低于-5℃的地区，可以在绣球休眠后至春季萌芽前进行修根换盆。其他冬季更寒冷的地区则应将修根时间适当提前或推迟，避免浇定根水后造成根系冻伤。少数不会自然休眠的热带地区，可以选择一年里温度相对较低的时候，比如在秋季花期结束后修剪残花时，同步进行修根换盆。

● 修根前适当控水。盆土相对干燥时，便于植株脱盆、根系脱土。

● 拍打盆壁，或用园艺铲、换盆园艺刀松动盆土，握住植株主茎底部，将整个根系土球取出，去除1/4～1/3的土，并适当梳理根系。

● 剪掉枯萎、死亡的深褐色根系；剪掉附有虫卵的根系；剪短特别粗壮、老化的主根，但修剪掉的部分不可超过原有整体根系的一半。

● 将植株重新种入原来的盆中，如果介质已使用超过一年，建议至少换入1/3的新介质，埋入底肥、缓释肥，浇定根水。

大自然拥有奇妙的回收再利用能力，落花落叶、昆虫尸体、各种腐殖物，都被土壤照单全收。坚守着自己栖息地的微生物们，与土壤、植物之间约定三方互利，精准地平衡着各类元素，造就了美妙肥沃的土壤。

在花园里，我们通常只顾着给植物进补各种化学合成的营养，却忽略了植物赖以生存的土壤同样需要照料。寒冷的冬季给了我们一个最佳时机，运用大自然精算师的平衡算式，以一场年终盛宴，犒赏植物和土壤一年的辛勤付出。

冬肥在家庭园艺的范畴，主要指冬季植株休眠以后埋入的有机肥，包括已腐熟的成品有机肥和未发酵的生肥。

植物落叶休眠后几乎不再消耗养分，为什么还要施冬肥？

每年向土壤中添加一定量的有机物，可以改良土壤结构，使土壤疏松并富含有机质，提高保肥、保水能力，也是确保植物健康生长的有效方式。

有机肥的分解过程缓慢，有利于植株在冬季根系吸收能力变弱的情况下逐渐吸收利用，从而积累较多的有机养分，提供翌年春季开花的需要。此外，埋入土壤中的有机肥，在分解过程中会释放出热量，起到保暖护根的作用。

寒冷的冬季，病虫害几乎绝迹，户外的大型盆栽和地栽植物可以直接使用未发酵的生肥，这也是全年唯一一次可以使用生肥的时机。封闭式阳台和不休眠的暖冬地区，以及3加仑以下小苗切勿轻易尝试生肥。

施冬肥的方式

盆栽植株可以根据种植空间，在距离根部附近5~10厘米远的位置，挖一个3~5厘米深的坑，埋入有机肥，缓释肥和调蓝剂也可以同时埋入。地栽植株的施肥位置可以参考枝条伸展的幅度，在枝条顶端的垂直正下方挖10厘米深的坑，环形埋入有机肥或腐殖酸颗粒。

给开花植物施用的有机肥，应以磷钾肥为主、氮肥为辅。如果氮肥施入过量，容易导致春天新生的枝条和叶片过于肥大，影响观赏价值和开花性。

让植株焕然新生的洗礼——冬剪

丝丝缕缕的旧枝上记录着每一段成长时光的痕迹，有扩繁时的大肆截剪，有梅雨盛夏时病虫害的肆虐入侵，也有花开满枝时园丁留驻的情意和恩宠。也许这些不属于难忘，也不属于永远，纵然花开花落，岁月无情，四季依然流转，生生不息。

绣球完全落叶休眠后，整棵植株的形态和每根枝条的走向一目了然，植株内的营养物质大都回归根部储藏，此时进行冬季修剪，主要基于以下三个目的。

● 通过梳理空间，去掉不需要的和过于密集的枝条，提高植株内部的透光性和通风性，防止病虫害侵染和枝条倒伏。

● 通过更新老枝，促进新芽、壮枝的生长，保持植株的活力，获得丰盛的花朵。

● 在植株休眠后去除粗枝，养分损失最少，而且修剪的伤口不易被细菌感染，对植物生长的影响最小。

大花绣球、山绣球、栎叶绣球和荚蒾属绣球的冬剪

冬季修剪和花后修剪不同，不能"一刀切"或者"打顶式"修剪。首先须将根基处的落叶、枝条上未掉光的残叶清理干净，顶端有饱满花芽的枝条要尽量保留，对于以下几种情况的枝条，可以从贴近土表的根基处整根剪掉。

老年枝：经历了三年以上生长期的木质化枝条称为老年枝。主杆虽老，但枝条上总能不断地抽生出幼嫩的新枝，造成分枝多，营养分散，且枝条的整体长势会逐渐衰弱，花球的直径也会变小。因此，老年枝需要逐渐用根基处抽生的新枝来更新替换，但无须一次性剪光，尤其对于仅老枝开花的品种，为了保证第二年的花量以及持续的新枝更替，每年可以将1/4～1/3的老年枝从根基处剪掉，促使植株萌发新枝。

枯萎枝：在夏季高温期间，如果绣球根部长期积水，或者修剪伤口感染病菌，会导致整根枝条枯萎，这样的枯萎枝需要完全剪除。

细弱枝：从植株根基处萌发的细小枝条和匍匐枝条，即使在顶端长有花芽，花型也会弱小且易倒伏。3年龄以上的丰盛植株可以彻底去除这类枝条。

无芽枝：顶端没有花芽的枝条可以整根去除，将营养集中供给开花枝和基部新芽。

下图为3年龄大花绣球'铆钉'的冬季修剪前后对比图。

乔木绣球和圆锥绣球的冬剪

大花绣球调整株型的方式为花后修剪，但对于新枝开花的乔木绣球和圆锥绣球而言，冬季才是大幅度修剪枝条与调控株型的阶段。

修剪尺度，取决于你所需要的植株高度。通常枝条底部的两对芽点比较饱满，如果空间有限，需要较矮的株型，可以尽量剪短枝条，只保留枝条最下部的一对或两对饱满的芽点。在芽点上方1厘米的位置剪除多余枝条，保留距离地面10～20厘米高的枝条，从而控制植株高度。同时贴近根基处剪掉三年以上的老年枝，它们的特点在于枝条为灰白色、分枝多、表皮不光滑。春季从根基处生长的新枝将更强壮，形成更大的花蕾。下图为经过冬季修剪后的盆栽乔木绣球'安娜贝拉'。

大多数圆锥绣球都高达1.2~1.8米，新生枝条长到一定高度才会开花，如果花园空间较小或盆栽，可以在每年落叶休眠后重剪枝条到距离地面10~20厘米高处。如果想要一丛高大浓密的灌木，可以保留整根枝条的1/3~1/2。对于'活力青柠''霹雳贝贝''北极星'这类株型紧凑、花序直立性好的圆锥绣球，可以保留更多的枝条和芽点。

乔木绣球和圆锥绣球的冬季修剪具有一个共同点：老枝剪得越短，芽点越少则枝条越少，花朵的数量也会相应减少，但花朵的直径会更大。如果只做少量轻剪，保留的枝条较长，从老枝上生出的侧枝则越多，会获得数量更多但直径偏小的花朵。

休眠后的枝条枯涩、芽点瘦小，若修剪后能在切口处看到一圈青绿色，表明植株依然健康、蓄势待发。

越冬保护，所有付出与等待都是值得的

一年四季会发生什么？守护与陪伴，约定与等待。再自然不过的规律牵扯着我们全部的园艺情感。

为了一场满园繁花的约定，除了等待，我们还可以做些什么？越冬保护，保护好绣球的花芽与枝条不被冻伤，让所有的付出与等待都值得。

通过与国内多家园艺基地的技术人员交流，可以确定 -8℃是绝大多数大花绣球的

耐寒临界值。此外，决定绣球耐寒性的还有两个因素：一是株龄，3年以上株龄、枝条木质化程度高的绣球抗冻能力更强；二是品种差异，'无尽夏'和其他具有山绣球基因的品种相对更耐寒，无防护的户外过冬最低耐受温度为 -12℃左右，而"帝沃利"系列、"魔幻"系列的耐寒性略差，0℃以下就需要避寒。欧洲木绣球、乔木绣球、圆锥绣球则可抵御 -30 ~ -20℃的严寒。

对于华东、华中和云贵川地区（冬季最低温度 -8℃），绝大多数大花绣球的耐寒无虞，冬季也可户外露天种植。只有1年龄以下的小苗、"帝沃利"和"魔幻"系列，在低于0℃时须移至相对避风的户外区域。比起低温，干燥的西北风会将枝条吹到脱水。

在华北及冬季气温长期低于 -10℃的地区，需要对大花绣球加强保护。

地栽绣球

保护根部不冻伤——在绣球根部覆盖大规格松鳞或稻草，并控水。

保护花芽不冻伤——用金属网或木条环绕整棵植株搭建围栏框架，在围栏外包裹上塑料布，或在围栏内衬上纸板，遮挡整个围栏，最好使用允许空气流通的材料。在围栏内填充树叶、秸秆等天然材质，顶部加盖塑料布或泡沫板，操作时要注意避免刮擦掉枝条顶端的花芽。

山东一个城市的园林部门，采用铝合金框架和透明硬质塑料为植物搭建小暖房，不仅整齐美观，也充分利用阳光为封闭空间加温，保护户外植物安全越冬。

盆栽绣球

盆栽的防冻相对更容易，可以用泡沫棉或其他隔热材料整体包裹住花盆。购物网站上也有很多不同材质与规格的简易小暖房。

避免将盆栽绣球长时间放置在有暖气、无日照的温暖室内。一方面，高温会提前打破植物的休眠状态，使其提前开花；另一方面，长时间不通风也可能滋生病菌或导致烂根。

其他注意事项

在寒冬里修剪后的伤口易受冻害，可以将换盆、修根和冬季修剪的时间提前到秋季落叶时，或者推迟到早春复苏前进行。

在栽种品种上，可以选择耐寒性相对较好，新、老枝都开花的大花绣球品种，即便老枝条被冻伤，只要根部存活，第二年仍然有新生枝条可以开花。欧洲木绣球、乔木绣球、圆锥绣球则可以在北方无防护越冬。

如何关照无法休眠的绣球

很多南方花友都向我提出过一个相同的问题："如果绣球不休眠会有什么影响？"这是一个全新又很有意思的问题。因为，第一，现有的资料和信息，都是基于休眠地区的经验；第二，冬季不休眠甚至持续开花，是否意味着传统花芽分化时间与夏季花期的改变？

我不是科班出身，也没有让绣球不休眠的条件，但我喜欢学习，喜欢与不同地区的园艺工作者进行研究和试验。

冬季休眠是植物在过度寒冷的空气到来之前，采取落叶或者停止生长等方式，抵抗不利的外界环境，增强自身抗逆性的一种保护性机制，是植物在长期进化过程中形成的本能。

当冬季来临，气温逐渐下降时，为避免旺盛的生命活动受到逆境的伤害，植株体内自行产生了促使叶片脱落及抑制生长的休眠素，枝条的保护组织增厚，形成木质化，更利于抗御寒冷，养分回流至根部储藏积累，进入休眠状态。

翌年春天，随着气温升高，植株体内的酶和蛋白质恢复活性，休眠素转化为生长素，芽点开始茂盛生长，储存的营养会集中供应给顶端的花芽和根部的新芽。因此，经过了休眠的绣球，来年可以获得更好的长势和花量。

绣球是具有冬季休眠遗传基因的落叶灌木，如果在暖冬地区及环境温度不会低至自然休眠的环境里（比如有暖气的封闭式阳台），不能休眠会有什么影响？

可以说有利有弊。

好处是，在温度适宜的条件下，绣球可以重复开花，冬季也可成为绣球的花期。不利之处是，没有经历休眠的绣球，可能会出现整体花量逐渐减少、花型缩小的现象，长势逐渐衰弱。

我曾邀请位于东莞的绣球基地"寻梦花园"，对相同品种、相同株龄的绣球在无法休眠的地区，人工进行休眠实验并将信息整理记录如下。

● 东莞冬季的气温为18～25℃，无法自然休眠的绣球，此时枝条生长滞缓、间节短，叶片老化缺乏光泽，绝大多数枝条的顶端都可以分化出花芽，但开出的花朵直径较小。

● 对绣球进行人工摘叶并放入5℃的冷库，经过50天的人工休眠，复苏后的植株表现出旺盛的生长力，新生的叶片更加健康。

● 从北方运来已落叶休眠的绣球，到达东莞后，立即复苏，进入旺盛的生长状态。

因此，在冬季室外温度能够达到休眠条件的地区（日均气温在7℃以下，且持续三周以上的时间），应尊重自然法则，尽量将绣球植株置于室外环境，令其自然落叶休眠。

有花友询问："能否对绣球进行人工摘叶，强制休眠？"

这样做的前提是必须有适宜休眠的温度。如果达不到休眠温度，植株的根系、枝条和叶片将保持正常的生理活动与代谢，如果强行摘除所有叶片，反而会影响植株正常的光合作用与生长。只有当叶片出现枯黄老化或感染病虫害时，才可

以摘除老叶、病叶，或将整根木质化老枝剪除，用根基处的新生枝条替代。

对于持续开花的绣球，需要及时补充配比相对均衡、磷钾含量略高的液体肥。此外，每年逐步更新一部分枝条，将3年龄以上老枝齐根减掉，更有利于保持开花的质量。本页两图分别为不休眠和经过人工休眠50天后的绣球盆栽，可以看到植株状态的明显差异（图片来自"寻梦花园"）。

绣球的种植灵感

园艺之所以美好，
就在于它具有无限想象与塑造的可能性。
一方小小的天地，
就可以拥有自己的风景。

第 五 章
CHAPTER 5

线性排布，美化空间边界

绣球的花期长、适应性强，是对园林景观的极大补充。在花园小径的边缘，或是道路与建筑之间的狭长地带，沿线种植几株绣球，只需要2～3年时间，就能长成下图中绣球步道的效果。

近年来，杭州的道路绿化和公园绿地中增加了大量的绣球，并根据地形与环境特征，打造出了更有表现力、更具品质的城市景观，例如临平公园原生松林里3000平方米的绣球花海、西山森林公园竹林下800米的绣球步道、湘湖的临湖木绣球树群和森林系绣球木栈道。这些绣球景观为这座城市漫长的梅雨季节带来了梦幻而富有生机的色彩。

在边界线长且空间开阔的地面，片植的绣球可以作为花篱，在两种空间和不同高度的背景之间形成柔和的过渡，打破原有的平淡，增加行走其间的乐趣，使环境富于层次与色彩的变化。

在高低变化的岩石花园中，充满生机的绣球花团充分柔化了岩石的坚硬感，色彩鲜明的绣球与棕色的岩石形成鲜明的视觉对比。

混合花境，源于自然的美

　　绣球色彩丰富、株型丰满，非常适合在混合花境中作为主景植物或中景植物。在前景和其四周搭配低矮、密集的观赏花或观赏草，通过高低错落的组合方式，增加花园的景观层次，使一年中三季有花，四季有景。绣球花期持久、易维护的特点也为花境的管理提供了更轻松、更愉悦的可能。

　　任这世间的花朵色彩斑斓，纯白的绣球与任何场景、任何颜色都可以完美契合。当温度与阳光持续加持能量，盛夏时节乔木绣球、圆锥绣球的新绿与棉白，不疾不徐地盛开，一种清宁和雅致弥漫心间。

蓝紫色系永远是花境爱好者最痴迷的配色方案。绣球各种色调的蓝，搭配矮小的矾根、蕨类、苔草和同色系的菊科，以及其他地被植物作为前景。挺拔的大花飞燕草、羽扇豆、杞柳、鼠尾草散布点缀其间，呈现出具有节奏感与韵律感的自然野趣。

近年来，绣球花境也开始出现在高端地产项目中，以层次丰富、优雅唯美的景观配套，传递更多居住文化，提升房产价值与空间品质。

下图的住宅项目中，拥有四季花园的景观体系。夏季以绣球为主题，河岸边，粉、紫、蓝混色的'无尽夏'与细叶芒、柳叶马鞭草一道打造出自然唯美的流线型带状花境。核心节点处，将绣球与颜色同样唯美的银叶菊、姬小菊、玛格丽特菊、欧石竹搭配，灵动鲜活而丝毫没有铺张凌乱之嫌。绣球的大量应用与完美搭配将3.5万平方米的展售中心与示范区装点得如梦如幻。

整体景观设计以自然为鉴而优于自然的成都红石公园的水系坡地上，运用成排的中华木绣球替代传统灌木，使近距离体验和远距离观赏都得到升华，成为人们行走至湖边的视觉焦点。搭配观赏草和水生植物围合成灵动的水系景观，营造出更亲近自然的步行空间与人居环境。

位于杭州钱江世纪城的一栋超高层写字楼内，拥有一个全浙江最高的绣球花园。挑高8米的玻璃房，对于绣球来说，从天幕倾泻而下的阳光已经足够；对于在此工作的人们来说，这是一处能带来愉悦心情的后花园。

单株盆栽，层次与创意更重要

在国内，单株盆栽大概是家庭园艺最常见的种植方式。其实，花园不需要如你希望的那么大，阳台也没有你想象的那么小，留给自己一点空间，就能为身处城市的我们带来更多亲近自然的体验。

如果你打算将植物摆放得恰到好处，在有限的空间里拥有小花园的自然与美好，可以使用不同高度的盆器进行组合，这样既增加了摆放植物的空间，改善日照和通风，也丰富了花园的层次。在空间允许的情况下，尽量避免让每一盆绣球整齐地排排坐，否则视觉平坦的小花园会变成"苗圃基地"，拥挤不通风的环境也容易成为病虫害的温床。盆器、花架、园艺桌椅，甚至砖块，都可以成为打造高低落差的道具。

当你开始嫌弃满地的一次性塑料盆和不成套的瓶瓶罐罐，或者盘算着来一场彻底的"园艺复兴"，会深刻认同"人靠衣装，花靠盆装"这句至理名言。

厚重的美式田园红陶盆、欧式复古冰裂釉面盆，轻盈的仿石盆、爱丽思树脂盆，质朴的镁泥盆，极简的 Ins 纯色瓷盆……不同质感的盆器搭配颜色丰富的绣球可以完美适应各种风格的花园，增加观赏的多样性。

对于有着无限创造力与改造热情的园艺爱好者来说，任何东西都可以变身为花器。抽屉、鸟笼、铁皮桶，甚至旧木箱，都能带来更加生动、自然、华丽的装饰效果。

组合盆栽，鲜活的花艺

　　绣球硕大的花朵将所有重量
与视觉焦点集中在植株的中上部，
接近盆面的部分，叶片相对小而
稀疏，容易产生头重脚轻的感觉。
在盆内搭配种植低矮的一年生夏
季花卉或观叶植物，能够很好地
平衡整体视觉感受。

▲　高挑的圆锥绣球'石灰灯'，搭配株型
较高的彩叶草、细叶美女樱，易于管理的组
合盆栽，为整个盛夏提供明亮的色彩。

▲　大花绣球'红心'，搭配白色
超级凤仙与蓝色夏堇。这些耐热性
好、易维护的草本花卉，在整个夏
季都将陪伴绣球一同绽放，在一年
最热的几个月里提供完美的色彩。

▲　在公共空间和餐厅的户外席位，用绣球
与肾蕨或常青藤组合的花箱，半围合成独立
的小空间，起到了灵活、雅致的分隔作用。

▶ 整形成树形棒棒糖的圆锥绣球，底部搭配枝条自然垂落的红花檵木，以低调的色彩遮挡了盆土，平衡了整体视觉感受。

▼ 玫红色的大花绣球'维也纳'与紫红色的矮牵牛底部搭配光纤草，种植在高脚杯形花器中，呈现出轻盈蓬松的效果，复古优雅又丰盛华丽。

▼ 大花绣球'花手鞠'与'美女樱'、'糖拐杖',以及少量的粉色小米菊、深紫色酢浆草搭配,形成多重粉色系的渐变色彩,在奢华中传递浪漫的气息,小空间、小盆栽也能创造出极佳的视觉艺术感。

立体花挂，创意植物画

在组合盆栽的基础上，使用特制的"哈皮挂"花盆，让组合盆栽变得更具创意。将绣球与不同层次的观赏花、观赏草混合种植，搭配背景板、油画框，化身为一幅幅鲜活的"立体植物画"，为花园的墙壁装饰提供了另一种创意。配上油画架，放在花园任何位置都能相得益彰，完美展现花园主人对园艺生活美学的极致追求。

绣球的生活美学

美没有固定的形式，
诗意也没有特定的人设，
每个人都能成为自己的生活美学家。
美丽的不只是花儿，还有我们自己。

第 六 章
CHAPTER 6

绣球鲜切花同样需要精心照料

无论是从自家花园里刚摘下的，还是从花店买来的绣球鲜切花，都需要精心的照料才能保持新鲜和美观。

鲜切花的寿命从植株上剪切下来就开始进入倒计时，不同的剪切时间对鲜切花的寿命也会有不同影响。清晨是剪切绣球花的最佳时间，此时花朵含水量充足，剪切后不容易萎蔫，其次是傍晚至夜间。

从市面上买回的绣球鲜切花，枝条末端通常会有一根装有营养液的保鲜管，拆除花束的包装和保鲜管，用锋利且干净的剪刀，以45°倾斜剪切枝条，也可以用刀在枝条底部剖一个2~3厘米深的"十"字形切口，让枝条拥有更大的吸水面。

花朵离开植株后，叶片的光合作用将大幅度减弱，绣球宽大的叶片会消耗大量的养分和水分，极易因为脱水造成花茎、花瓣萎蔫。如果叶片浸在水中，还会造成腐烂，滋生细菌。因此，剪切下来的绣球需要摘掉花茎上过多的叶片，只保留顶端的一两片小叶。

鲜花保鲜剂能为花朵提供能量来源，促进养分吸收并含有抑菌剂，有助于抑制水中细菌生长，延长花朵的瓶插寿命。在购物网站上就可以购买到鲜花保鲜剂，按配比加入水中，再插入鲜花即可。需要注意的是，不要在金属花瓶中放入鲜花保鲜剂，因为保鲜剂中的酸化剂会与金属成分发生反应。

如果未使用鲜花保鲜剂，每隔一两天必须更换花瓶中的水，重新斜剪花脚，确保花茎有新的切口吸收养分，并剪掉看起来不那么新鲜的花瓣。

首次插瓶时，可以使用38～40℃的温水，因为在温水中花朵更容易吸收养分。

鲜切花放置的环境需要注意以下问题。

● 避免靠近新鲜水果，尤其是苹果和香蕉。这类水果会释放乙烯气体，缩短鲜切花的寿命。

● 避免让阳光直晒花朵，或靠近其他高温热源。低温是鲜切花保鲜的重要因素，这就是为什么花商会将鲜花冷藏。

● 避免放置在冷气出风口下面，以免花瓣散失水分。

以上养护方法适用于所有鲜切花，但绣球是需水量很大的花材，也是极少数可以给花瓣喷水保湿的鲜切花。日常养护可以在花朵表面铺上湿纸巾或厨房纸，并用喷水壶喷雾，以提高花朵的湿度。

当绣球鲜切花出现了缺水、萎蔫的现象，可以将整朵花连同枝条浸入水中。枝条短的话可以在洗手间面盆里进行操作，如果保留的枝条较长则需要用水桶来浸泡。只要脱水不是过分严重，在浸泡三四个小时后，当花朵吸足了水分，就会重新恢复活力。但同样的方法不可用于月季、铁线莲、洋桔梗等花材。

做自己的花艺师

  在绣球漫长的花期中，每一天都发生着颜色的变化，比起直接买来的绣球鲜切花，我更喜欢亲手种植、采摘，观察它们的变化，使我们与大自然的演出、四季的轮回、生命的盛放紧密联系着。

  更重要的是，在养护得当的前提下，从自家花园里采摘的绣球通常可以保持15～20天的观赏期，而市售的绣球鲜切花可能在到家后2～3天就出现缺水萎蔫的情况，观赏期短暂。因为从鲜花基地剪切、包装和运输，再到花店整理、上架的过程，所有的碰撞、颠簸、挤压，都会使绣球的组织出现大大小小的擦伤和断裂，整个过程都在消耗鲜花有限的插瓶寿命。

  如果你种了两三盆绣球，那么在家就能享受绣球鲜花带来的无限惊喜和花艺体验。将盛开的花朵摘下，插入心爱的花器。简单随心的插花看上去可能缺乏设计感，但因为有了亲手的照料和陪伴，花朵会增添几分生动与独特。其实你的花园就是最好的绣球鲜花基地。

一朵花的繁盛——单一品种的绣球瓶花

绣球花是一种神奇而美妙的花朵。繁复的花瓣勾勒出精致的轮廓，渐变丰富的色彩或清新甜美、或浓郁深沉。一朵花、一只花瓶，甚至无须搭配其他的花材与叶材，就能演绎出绣球的奢华。

使用透明玻璃瓶器时，可以将巴西叶在瓶内环绕一圈，再将绣球放入，既起到遮挡枝条的作用，也平衡了瓶花整体的颜色，不会显得头重脚轻。除了巴西叶，还可以使用一叶兰、绿剑叶替代。清爽的瓶花造型最适合放置于餐桌和书房。

盛满粉色的花篮，可以毫无违和感地融入任何室内空间和小花园的下午茶桌上。简单的颜色，却唯美得令人怦然心动。使用藤编提篮作为花器，可以放置花泥，也可以将装有水的容器放置在篮中。让一侧花朵倾斜地垂挂在篮边，自然起伏会更显生动。

绣球不只适合欧美与现代装修风格的空间，在沉稳温润的黄褐色中式茶台上，群青色的大花绣球'铆钉'，搭配竖向条纹的浅湖蓝色玻璃瓶，保留2片新鲜的绿叶装饰瓶口，以一种恰到好处的对比诠释着新中式之美。

将绣球随意地插入透明的试管花器中，制造出高低落差。轻盈的花器上，载满了紧凑优雅的绣球花朵。

餐桌美学重新塑造了餐桌旁的美好时光。桌布以米白色为基调，素灰的托盘搭配绣球图案的纸巾与餐盘，晶莹剔透的玻璃碟中散落着绣球花瓣。只需一枝绣球，搭配樱花枝条与春兰叶，便可形成自然飘逸的形态。在由花草和器具构成的诗意画面中，感受盛夏餐桌带来的饱满温情与幸福。

华丽的混搭——不同品种的绣球瓶花

　　将色调一致、花形不同的绣球组合在一起，是混搭的技巧。在下图'万华镜'和'小町'的组合中，色彩微妙的紫，深深浅浅的起伏变奏，仿佛在流动装点着高贵又自然的初夏。

一束集合了"无尽夏"品牌系列四款绣球的瓶插花。多彩的渐变色制造出丰盛立体感，花球相互重叠，分量感十足，四面可赏，将红砖地面与室内空间映衬得生机勃勃。

圆锥绣球'粉色精灵'直立轻盈的上升线条突出设计感。在浮雕花瓶的衬托下，复古渐变色调的大花绣球'威尼斯'庄重而华丽，再点缀一些绣线菊的枝叶，在两种绣球花形之间过渡，使整体插花更自然协调，让人慢慢品味季节变化的样子。

在左图名为"解忧花园"的大型花艺作品中，运用了大量的欧洲木绣球，红与绿的强烈色彩碰撞形成夸张迷人的造型效果。每一种花材都具有各自突出的颜色、形态与特性，流畅的组合给整体作品增添跃动感，不同视角会带来别具一格的感受。

爱莎的冰雪礼服——绣球的小型法式插花

　　大花绣球'爱莎'翻卷花瓣的精巧花形，让我想起《冰雪奇缘》中爱莎公主空气感的微卷发辫，以及蓝色冰雪背景下的晶莹纱裙。

　　这个小型插花选用直径9厘米的铁艺复古杯作为花器，以大花绣球'爱莎'为主角，所有花材都围绕这个焦点展开，完成后的作品呈现出饱满蓬松、优雅清新的视觉效果。

花材：大花绣球'爱莎'、情人果、蕾丝花、银叶菊

制作步骤：

    1.将花泥提前1~2小时浸透，直至充分吸饱水。将花器倒扣在花泥上压出印记，然后用刀对花泥进行形状切割，再将花泥塞入花器，高度略高于花器边缘，并削出斜面。

    2.在花泥中间偏右侧的位置插入2枝绣球'爱莎'。小型作品的花材高度与花器高度相同。

    3.将轻盈的蕾丝花平均分布在绣球周围，延续绣球的蓬松感，就像复古宫廷纱裙上的蕾丝花边。

    4.在花器的边缘插入银叶菊，形成优雅的弧线，叶柄不用留太长，以配合绣球花的直径和花器的高度。

    5.加入少许的情人果作为点缀，略高于绣球，增加整体作品的细腻变化。

    6.全部花材都插上以后，适当调整补充间隙，使花材的整体分布保持圆形的弧度与饱满。

木绣球的春天——绣球的美式
瓶插花

　　春天的野外有很多枝条纤细而
发散的花草。明亮的黄鹌菜、微紫
的蝴蝶花……这些都是充满野趣的
自然花材。搭配自家小花园里的欧
洲木绣球，散发出清新的春天气息，
令人联想到洒满阳光的林间小道。

时光的质感——绣球干花的组合创意

　　园艺生活是一种探索，失去了色香味的风干花朵却迎来了另一种掷地有声的"鲜活"。绽放的枯寂、诗意的凋零，以及令人着迷的温和与质朴，值得我们深深地感受那些意想不到的奇迹。

　　干花无须浸泡和养护，将这种抽象、自由的美再现于花瓶、画框、木器之中，无须刻意造型，没有花材和花器的限制，如同山林中的一根枝、一片叶，并不刻意强调自己的存在，而是与季节和谐相处，顺理成章的组合。

用针线不留痕迹的固定、用速干胶拼贴、用干燥的花泥或剑山支撑，植物凋零的艺术表现，比起造型和技巧本身，更重要的是创作者本人的感悟与表达的意境。

鲜亮的色彩是迷人的，枯萎的花姿也是醉心的，一半是对美好的追求，一半是对残缺的接纳。将碎影秋光、流金斜阳、落了叶的玫瑰和绣球的花瓣重新组合，以新的形式回归小花园。

盆栽花是一种比花束更好的礼物

　　自古以来，鲜花一直是最保险的礼物，用一束花表达情感和祝福，在任何场合都是不会错的选择。不过鲜花的保鲜期并不长，而且价格昂贵，尤其是气温超过25℃的时节，送一束鲜花，实在不算善待对方：不仅要每天换水，还得将黏糊糊的花瓶清洗干净。

　　表达心意不必流于形式，昂贵的礼物都有价格，而真正的心意是无价的。

　　盆栽花也是一份足以表达心意的礼物，只需要少量浇水，就可以获得比鲜花更长久的观赏期，并且看上去更有生机。

不过市面买来的盆栽通常只有一个简易的红色或黑色塑料盆，你可以将原盆直接装入一个略大的没有底孔的装饰套盆，藤编篮、树脂盆、陶瓷盆……都能让你的礼物看起来更加优雅。

　　如果没有合适的尺寸或款式，可以亲自动手，用简单的包装，将盆栽打扮成花束礼物，为单调的花盆带来精心设计的气息。

　　以1加仑（口径16厘米、盆高18厘米）的'魔幻革命'绣球盆栽为例。

　　包装材料：透明玻璃纸、印花牛皮纸、麻绳、透明胶、小夹子

　　制作步骤：

　　1.用透明玻璃纸包裹花盆作为防水保护，将褶皱压进花盆边缘，并用透明胶辅助固定。

　　2.将花盆放在牛皮纸的中心位置，提起牛皮纸的边缘，每隔3～4厘米折叠出倾斜的皱褶。折叠时可用小夹子辅助固定。

　　3.用麻绳环绕花盆一圈系出蝴蝶结。

还可以使用纱网、雾面纸、雪梨纸，配合不同颜色的丝带，包装成更轻盈、华丽的礼物。

绣球的美，不会随时光而逝

色彩是花朵的一件外衣，枯荣是花朵的一段旅程。

花朵的凋零，不是离别，只是等待另一场唯美的演绎。

花开成景，叶落成诗。当曾经的所有，被时光凝结成了温柔的琥珀色，就像经典电影里不灭的时光，如此寂美，又如此动人。

风干的年华——倒吊悬挂法

由于大花绣球的花瓣单薄柔嫩、含水量高，如果将新鲜的花朵剪下来倒吊悬挂，花瓣会出现萎蔫和翻卷变形。用于风干的绣球最好选用花瓣质地较硬的品种。风干的最佳时间是花期进入尾声时，可选用在植株上已经显现出复古灰绿色的花朵。

乔木绣球和圆锥绣球的花瓣具有更厚实的质地和粗糙的纤维，可以任由花朵保留在枝头自然风干，也可以当花色由纯白逐渐转为灰绿后，剪下来倒吊悬挂或插在无水的花瓶里自然变干，整朵花仍然能维持原有的绽放形态。

　　用于倒吊风干的绣球花，剪切时可以保留较长的枝条，摘掉多余的叶片，用麻绳、皮筋或捆扎线绑住底端，倒吊悬挂在通风良好、干燥、没有阳光直射的位置。倒吊时注意将每一枝绣球花适当错开，以利于通风。

　　风干会让枝条的水分逐渐减少，绳线捆扎的地方容易松动，每隔3~4天，可以将绳线再扎紧一些。2~3周，花朵会由灰绿色渐变成土黄色，最后镀上一层金属质地的古铜色，就变成美丽的干花了。

　　此时的绣球花瓣微卷，浮现出时光留下的痕迹，风一吹，便摇曳起舞，仿若一笺一笺盛开在光阴里的诗，清晰缱绻，荣与枯都是美丽的、平等的。

凝固的色彩——二氧化硅干燥法

二氧化硅是一种无色或半透明的结晶体，也称为硅胶。这种结晶体内部是极细的毛孔网状结构，具有很强的吸湿能力，且化学性质稳定，无毒无味。很多袋装食物、箱包、电子设备包装里的小袋颗粒状干燥剂就是二氧化硅。

为了让花瓣脱水均匀，用于鲜花干燥的二氧化硅不能使用颗粒状的，只能使用粉末状的。可以在购物网站购买瓶装的鲜花干燥剂、硅胶干燥剂。

下图中一瓶500克的二氧化硅干燥剂，可以用于一枝绣球的干燥。

操作步骤：

1. 准备一个比绣球花枝略高、可密封的容器。

2. 在容器底部倒入约1厘米厚的二氧化硅粉。

3. 剪短绣球的花茎，去除多余的叶片，花茎朝上放入容器内。

4. 继续倒入二氧化硅粉末，直到将整朵绣球花全部掩盖，最后盖上密封盒盖，放置在阴凉干燥处。静置2~3天，绣球就可以完全脱水。

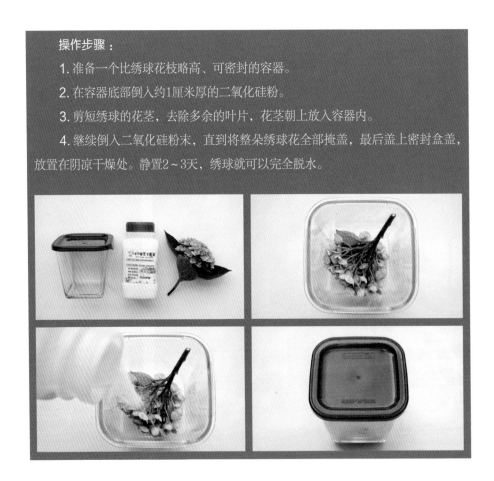

　　干燥的时间可根据花瓣的含水量进行调整。如果是刚摘下来的绣球，含水量充足，可以干燥3天；如果是已经进入秋色阶段或瓶插过一段时间，花瓣相对干燥的绣球，可以只干燥1~2天。

　　干燥完成后，缓慢倒出二氧化硅粉末，取出花朵，轻轻抖落或刷掉花瓣上附着的粉末。使用过的二氧化硅装入原瓶中密封保存，可以多次重复利用。

　　二氧化硅干燥法的优点在于花朵快速干燥的同时，仍然可以保留自然的颜色和形态，取出后可以在花朵上喷一层定画液或发胶，用以固色和定型。干燥绣球的保存时间取决于环境湿度，将其装入密封玻璃景观罩内，放置于客厅、卧室，可以延长观赏期。

时光的标本——压花法

"压花"一词由英文"Pressed Flower"直译而来。在日文中，压花的写法为"押し花"，因此国内商家在引进商品和技术时也称其为"押花"。

压花技术最早源于植物标本的制作。在19世纪的维多利亚时代，压花和插花一样，成为风靡于皇室和上流社会的艺术活动。人们用压花点缀圣经封面或做成室内装饰画。维多利亚女王自己就是一位压花艺术家。后期随着压花艺术的推广，在欧洲的各个阶层都广为流传。

20世纪50年代，日本开始研习压花，并将其发展成和花道一样具有本国特色的国家级艺术。

20世纪80年代，压花开始在中国兴起，很多花艺学校也开设了压花课程，并于2013年成立了中国园艺学会压花分会。

其实，我们或多或少都曾接触过压花。小时候在野外拾到形状特别的树叶，夹进厚厚的书本中，待5～7天后完全干燥平整，便作为书签，或者在纸上拼贴出喜欢的图案。这便是一种压花。

不过夹在书本中制作的压花，难以保证花瓣色泽均匀。使用更专业的压花工具，可以方便快速地制作出美观的压花。经过吸水板的重压干燥，让花材完整定型，并保留花朵原本的颜色。不论花瓣、花茎、叶片都可进行压制，甚至果子、果皮也能入画。

在购物网站上可以购买到全套的压花工具，包括木质压板、干燥板、高密度海绵、薄衬纸、绑带等。如果压制的花型小可以选用 A5规格，花型较大则需要 A4规格。

绣球的品种和颜色多样，花瓣质地轻薄，非常适合作为压花花材，单瓣、重瓣、卷瓣都可以压制。

操作步骤：

1. 准备好制作压花所需的全部材料，包括压花器、小剪刀、镊子、新鲜花材。

2. 用小剪刀剪取花朵，将花朵、花蒂、叶片与枝条分解开。

3. 在木质压板上放一层干燥板和薄衬纸，用镊子将绣球花瓣平铺在薄衬纸上，花瓣之间避免重叠。

4. 在第一层花瓣上依次叠加薄衬纸、干燥板、高密度海绵、干燥板、薄衬纸，随后放上第二层花瓣。这样的叠加可以多达6～10层。

5. 在完成最后一层叠加后，盖上木质压板，用力捆紧两根绑带，使整个压花器受力均匀。将压花器放入封门袋中，如果花材较多，可以加入硅胶帮助其快速干燥。置于阴凉干燥处，2～3天即可收获压好的花材。

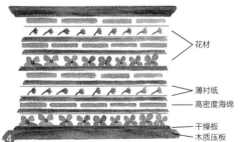

花材

薄衬纸

高密度海绵

干燥板
木质压板

压制好的绣球花瓣基本可以保持原有的颜色，但干燥脆弱，需要使用小镊子细心夹取。组合粘贴时通常使用 JRE600速干胶或 B7000冷胶。

随着时间的流逝，压花是会褪色的。花色保持的时间与植物品种、花瓣颜色、密封程度、光照和湿度有关。日本压花师柳川昌子曾提出，在制作压花时，对于易褪色的红色与粉色花朵，可以在花瓣表面涂一层柠檬酸溶液（柠檬酸和水按1∶4的比例混合）来保色。

压花本身并不难，难的是将零散细碎的花瓣艺术化地组合起来。从一枚书签、一张卡片，开始你的自然手作。绣球有那么多待发现的美，那么多待尝试的乐趣，我们都可以成为自己生活里的美学家。

永生花，享受更多绣球的创作艺术

　　永生花的花语为"花永生、爱永生"，这项突破性的保鲜技术，让花朵永不凋零得以实现。世界上第一朵永生玫瑰由法国 Vermont 公司于1991年研制而成。如今，在中国、日本，以及欧洲国家都有了永生花的生产基地。

　　永生花通过脱水、脱色、染色、干燥一系列复杂的工序加工而成。首先使用有机液体将鲜花脱水、脱色，清除细胞内所含的水分、糖分、脂质等物质，然后用不易挥发的液体代替鲜花内的水分，再进行染色、干燥。永生花能够长期保持原有的形态、柔软的质感和新鲜的颜色，不会因为腐败与失水而脆化，视觉与触感几乎与鲜花无异，而且颜色更丰富、用途更多，保存时间可以长达2～3年。在购物网站上可以买到不同品种和颜色的永生花花材，用于创作。

永生花挂链

　　将绣球、霞草与兔尾草永生花装入直径5厘米的透明亚克力球，搭配流苏与配饰，挂到钥匙、提包或手机上，一串洛可可气质的挂链，展现出唯美与优雅。

永生花拼贴画

　　将永生花进行巧妙地组合拼贴，就能装点出一幅灵动的立体画。图中用粉色的绣球花瓣，拼贴成了芭蕾舞者层叠翩飞的裙裾，文艺复兴时期的精致跃然纸上。

永生花浮游瓶

　　小小的玻璃瓶中融合了自然与光影之美，这是专属于浮游花的奇迹。隔绝空气的矿物油，能让浸泡其中的永生花或干花长久保持自身的形态与色泽，多层次搭配，营造灵动的视觉感受。当光透进瓶身，就像花朵在水中浮游舞动。

制作步骤：

1. 准备好制作浮游瓶所需的全部材料，包括可密封的玻璃瓶、专用矿物油、永生花（干花）、镊子、剪刀和小漏斗。

2. 构思花朵和配叶在玻璃瓶内的层次与组合方式，根据玻璃瓶的高度，进行适当修剪和拆解，瓶内的花朵不宜过多，色彩不宜过于繁杂。

3. 首先放入位于底部的花朵，随后由下至上逐层放入其他配叶和花朵，并借助镊子调整位置。

4. 倒入专用矿物油，密封瓶盖，随后可放置于室内无日晒的任何位置。

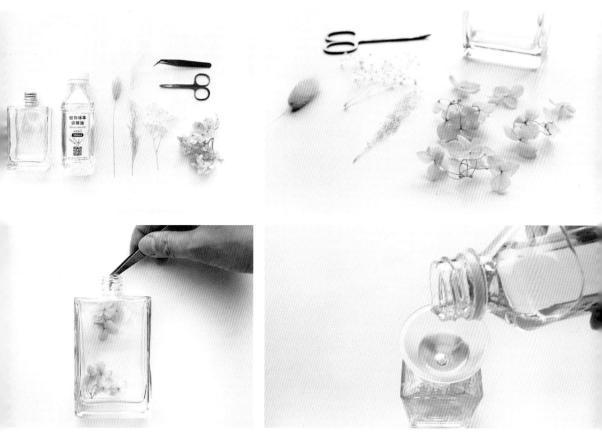

那些与绣球有关的
名词

萼片和花瓣

通常一朵花的花瓣和外部的萼片有明显的区别。萼片多为绿色，就是我们吃草莓时要摘掉的部分，而花瓣则有不同的颜色，吸引昆虫采蜜传粉。但有些植物的花瓣和花蕊会退化，萼片扩大成花瓣的形状，并拥有丰富的颜色，甚至比真正的花瓣更漂亮。这一类植物包括鸢尾、兰花等，绣球也是如此。我们所看到的大而鲜艳的绣球"花瓣"其实是萼片，为了方便理解，在本书和日常中我们仍然称之为"花瓣"。

由于萼片无须孕育果实和种子。因此这些植物将拥有更持久的花期，这也是绣球可以绽放长达一两个月的主要原因。

不育花　　　　　可育花

不育花：由四五枚花瓣状的萼片组成。有些品种的不育花中间为空心，雌蕊和雄蕊完全退化。有些品种在不育花的中间还有能绽放的可育花，拥有真正的花瓣和明显的花蕊。下图中'爱莎'的翻卷花瓣实际上是花瓣状的萼片，为不育花，但中心的可育花也会绽放，这些"花中花"使整朵花看起来更精致、更富有层次感。

可育花：绣球里的可育花非常娇小。在平顶形的绣球里，星星般密集的可育花构成了中间的大部分花序。当可育花成熟绽开后，能看到纤细如丝、颜色鲜艳的花蕊。

为了迎合市场需求，在绣球的新品培育上，育种家们致力于增加可育花的数量，并将花的一部分或全部可育部位转化为额外的花瓣，形成了花瓣层数更多的重瓣花形，以及中间的可育花也能开成重瓣的平顶花形。日本培育的很多平顶形重瓣花，中间的可育花和花蕊也被转化为花瓣，全部绽开后使整朵花更密集丰盛，例如'佳澄''小町'等。

绣球的花序形状

在植物形态的术语中，一组或一簇花称为花序。在日常生活中，我们通常会用"一朵花"或者"一枝花"来表述。绣球的花序包括三种形状——圆球形、平顶形和圆锥形。

圆球形：由很多大小相同的不育花聚集成圆球形或不规则的球形，整朵花的轮廓圆润饱满，形似一朵独立的大花，具有丰盛华丽的视觉效果。其英文是"Mophead"（拖把头）。虽然听起来不那么美妙，但从外观上看，和倒立的拖把头确有几分相似。拥有这类花形的绣球种类包括中华木绣球、欧洲木绣球、粉团荚蒾、乔木绣球，以及大部分的大花绣球和少数山绣球。

平顶形：花序的外圈是较大的不育花，环绕在中间的是密集、颗粒状的可育花，整体花形通透淡雅。由于不同品种的基因差别，中间的可育花大小会有所不同，有些品种中间的部分也会展开成花瓣。它们拥有一个优雅的英文名"Lace Cap"（蕾丝帽）。这种花形包括大部分的中国原生绣球、山绣球、攀缘绣球，以及少数大花绣球和琼花。这种花形在中国古代也被称为"八仙花"或"聚八仙"。

圆锥形：花序整体呈现顶部较尖的圆锥状，中间有一根主花序轴，从花序轴上生长出许多分枝和花朵，圆锥绣球和栎叶绣球都属于这一类花序。

老枝与新枝

老枝：在前一年的秋季绣球植株上已形成的枝条。

新枝：当季生长的枝条，包括从根基处生长的枝条以及由腋芽抽生出的枝条。

日照时长

按照建筑规范的标准，城市的气候和纬度、建筑物的朝向、楼间距和遮挡物决定了日照时间的长短。对园艺爱好者来说，花园内的环境布局和季节变化也会在小范围内造成不同区域的日照时间差异，比如屋檐的长短、不同季节阳光照射角度。花盆的高低、植物的阴影也会带来实际日照的区别。在建筑设计规范中并没有对全日照和半日照的概念设定准确的量化标准，我们可以从家庭园艺的角度来理解日照时间的概念。掌握自家花园内不同区域的日照时长和通风状况非常重要。

全日照： 从太阳升起至落下都能持续接受充分的阳光照射，植物周围没有遮挡，一天内的自然日照为8~10小时。

半日照： 只有上午半天、下午半天或者中间时段能照射到阳光，一天内的自然日照时间为4~5小时。

耐寒分区

在20世纪30年代，美国农业部首次提出了耐寒分区（Hardiness Zone）的概念，根据不同地区的年平均最低温度，以10℉（约12℃）为单位，将全国划分为11个温度带，从北到南依次用1~11表示。从冷色调到暖色调，表示平均最低温的变化趋势。数字越小、颜色越冷，表示对应的区域冬季越寒冷。1990年开始，美国农业部又对植物的越冬能力进行量化，每个新推出的植物品种都会标明耐寒分区，代表该品种能够生存的最低温度。这个系统为园艺种植提供了一种科学依据，让我们对植物的越冬能力有更直观的了解，可以根据当地所属的耐寒区选择适合的植物。

中国从北到南以省份为单位，也被划分为11个耐寒区，然而同一个省份的不同城市和地区也存在一定的气候差异。此外，影响植物耐寒性的还有很多其他因素，比如风力、土壤、湿度、日照时长、植株的年龄和健康状况等。

因此，耐寒分区只是一种参考，很多能够在短时间暴露于低温中的植物，可能无法长时间忍受寒冷。比如大花绣球的最低耐寒分区为7区，事实上，低于−8℃时，大部分大花绣球的花芽就可能被冻伤。

绣球爱好者应知的
9件事

　　为什么会被绣球吸引？无论是莫奈笔下唯美梦幻般的色彩，还是无惧盛夏高温依然绽放的光芒，作为一名绣球爱好者，我们可以通过一些有趣的事实，来了解这种美妙的植物。

1. 悠久的种植历史

绣球在中国的栽培历史长达1500多年，有记载的人工种植最早可追溯到唐代。

在美国备受欢迎的乔木绣球'安娜贝拉'，自从1910年被发现以来，已在美国大大小小的花园、景观带中拥有100多年的种植历史。

2. 名称有何含意？

"What's in a name? That which we call a rose by any other name would smell as sweet."

改编莎士比亚的一句经典台词：名称有何含意？即便绣球不叫绣球，依然华美如故。

从唐诗宋词中的修辞名"八仙花""紫阳花"，到代表花形的"拖把头""蕾丝帽"，绣球有很多名字。在不同时期的典籍、不同国家的语言中，绣球的名称也在不停

地转圈。不过唯一不变的是"Hydrangea"（绣球）一词。它源于两个希腊词根，代表水的"hydro"和代表容器的"angeion"，合起来表示古希腊盛水所用的容器，也意味着绣球对水的需求量很大。

3. 数千品种，七大分类

经过园艺家的不断培育改良，目前已诞生了近千种绣球的园艺品种，每年还有大量花形优美、颜色别致的新品上市。如今，市面上的绣球主要可以分为七大类——木绣球、大花绣球、山绣球、乔木绣球、圆锥绣球、栎叶绣球和攀缘绣球。不同种类的绣球，花期、花形与生长习性各不相同。将不同花期的绣球搭配种植，可以从早春盛开到初冬，花期横跨一年中的8个月。

4. 绵长的观赏期

一朵花儿能在枝头持续绽放多少天？在多雨的杭州，月季的观赏期通常为5~7天，铁线莲为20~25天。

绣球从花蕾初绽到完全显现花色，可以持续40~50天，有些品种甚至可以达到60~90天。剪下来的绣球还可以继续瓶插欣赏，或用于制作干花、压花，将美好的绽放延续到秋冬。

5. 花开不止，色彩变幻不息

蓝色、紫色、粉色，一树花开，唯美如画。决定绣球色彩的不仅是土壤酸碱度，还有初夏的温度和阳光，深秋干燥的风和昼夜温差。在绣球长达一两个月的花期中，会经历最初的新绿、米白，随后逐渐变深的花色。即便是那些白色的绣球，也会在花朵初开、盛放和尾期显现出不同层次的莫兰迪灰绿渐变效果，多重变幻的花色，让整个花期都充满变幻莫测的期待与惊喜。

6. 耐寒的"冰美人"

我们都知道，大多数绣球无法在北方的户外过冬，寒冷不仅会冻伤花芽，甚至可能导致整棵植株死亡。但也有几类绣球能抵御 -30℃的严寒，在中国的最北面也能花团锦簇。它们是欧洲木绣球、乔木绣球和圆锥绣球。当皑皑白雪覆盖在自然风干的棕褐色绣球上时，别有一番质朴野趣。

7. 小巧如花束，高大如花瀑

绣球的植株高度为0.4～20米。小巧紧凑的品种花开成束，高大蔓生的品种花开如瀑。无论是空间有限的阳台、露台花园，还是大型庭院、公共景观；无论是单株盆栽、组合盆栽、地栽，还是作为花篱、树墙，色彩丰富、形态多样的绣球中总有几款能满足你的需求。

8. 修剪并不像你想的那么复杂

新枝开花，老枝开花，新、老枝都开花。听起来好像很复杂，就怕在错误的时间修剪了花芽导致一年无花。其实修剪绣球只需要掌握两个时间节点——花后修剪和休眠期冬剪。看完这本书，你会发现绣球的修剪比月季、铁线莲更简单易行。

9. 真的存在散发芳香的绣球

唐代诗人白居易在《紫阳花》诗前注中，将所见的绣球描述为"色紫气香，芳丽可爱"，而我们种植的绣球通常是没有任何味道的，从而引起人们对诗中所描述植物品种的质疑。

事实上，在中国多样化的原生绣球种里，的确存在具有浓郁香味的品种。美国育种家丹·辛克利曾在四川采集到了一种狭瓣绣球，并命名为'金鹤'（Golden Crane）。这种绣球具有非常浓郁的茉莉花香，于3月下旬开花，花期早于所有的虎耳草科绣球属植物。

来自花友的
提问

Q：听说绣球是短日照植物，太多日照会影响绣球开花吗？

A："短日照"是指日照长度短于其临界日长，即每天的日照时间须少于12小时。短日照植物在超过12小时的日照下只能进行营养生长而不能正常开花。实际上这个概念是针对可控光照的温室大棚而言的，对于私家花园，完全不用担心这个问题，普通的草坪灯、装饰灯的光照强度不足以影响绣球的正常开花。

Q：刚买的绣球可以换盆吗？

A：如果购买的是已开花的绣球盆栽，新手花友可以在花期接近尾声时，结合花后修剪再进行换盆，以避免换盆时造成的根系损伤，使花期变短。如果是非花期的绣球植株，避开一年中最热和最冷的时间段，都可以进行换盆。当然，在落叶休眠期换盆移栽，是损伤最小、最安全的时机。

Q：什么时候可以进行绣球冬剪？

A：在江浙和其他同纬度地区，整个休眠期都可以进行冬剪，时间通常在1月中旬至2月中旬。少数不会自然休眠的热带地区，可以选择一年里温度相对较低的时候。北方地区则可以将冬剪时间推迟到初春萌芽前，避免伤口受到冻害。

Q：绣球只有顶芽开花吗？

A：所有虎耳草科绣球属的绣球，只在枝条的顶端开花；而五福花科荚蒾属的绣球，则在侧枝上对称开花。

Q：为何不同绣球冬季落叶的时间不一样？

A：不同品种的绣球存在休眠早晚的时间差，小花园的不同位置也存在小环境的温差，比如位置较低、有遮挡、相对避风的环境更温暖。在江浙地区，通常1月中下旬的大寒节气期间，是一年里温度最低的时候，绣球的叶片会逐渐尽数脱落。

Q：冬天需要给绣球浇温水吗？

A：在寒冷的季节，可以选择中午气温较高的时间段浇水，但水温不可与环境、盆土的温度相差过大，避免对植物造成剧烈影响。收集储存的雨水或是水龙头里的自来水都是符合自然的选择。

Q：能将绣球作为室内植物吗？

A：绣球在室内难以良好生长。首先，绣球需要足够的阳光才能开花；其次，不够通风的环境，会令盆土的干湿循环变慢，长期潮湿的根系环境容易导致霉菌和腐烂出现。因此，在封闭式阳台种植时，需要利用花架尽量抬高花盆的位置，使其接受更多的日照和通风。

Q：绣球有毒吗？

A：绣球的枝叶里含有氰苷，吞食会引起氰化物中毒，但日常养护和触摸并没有任何毒性。猫、狗等宠物误食后会产生呕吐、腹泻、腹痛等症状，如果处理得当，大多数情况下不会致命。